Jetzt helfe ich mir selbst

Ulrich Lieb

Gleisbau im Modell

Einbandgestaltung: Luis dos Santos
Fotos: Ulrich Lieb, Märklin, Fleischmann

Bildnachweis:
Die zur Illustration dieses Buches verwendeten Aufnahmen stammen – wenn nichts anderes vermerkt ist – vom Verfasser.

ISBN 978-3-613-71735-0

2. Auflage (erstmals 2010 erschienen unter der ISBN 978-3-613-71395-6)

Sie finden uns im Internet unter www.transpress.de

Lektor: Hartmut Lange
Innengestaltung: IPa, 71665 Vaihingen/Enz
Druck und Bindung: HUNTER Books GmbH, Kleyerstraße 3,
64295 Darmstadt
Printed in Germany

Inhalt

Vorwort

Betrachtet man die Entwicklung der Modellbahn der vergangenen 20 bis 30 Jahre, gilt im Wesentlichen, dass die Fahrzeuge – egal ob Lokomotiven oder Wagen – äußerlich, aber auch im Hinblick auf das »Innenleben« immer besser geworden sind – wenngleich Ausnahmen die Regel bestätigen. Für die meisten Hersteller ist die Modellpflege selbstverständlich. Doch wie stiefmütterlich wird da oftmals das Gleis behandelt? Sicher, auch hier bestätigen Ausnahmen die Regel, aber zumeist ist das Gleis häufig viele Jahre im Programm, ohne technische Weiterentwicklung, ohne Produktpflege, ohne neue Gleisstücke etc. Natürlich wird jetzt so mancher wieder einmal auf die hohen Kosten solcher Maßnahmen verweisen. Das mag richtig sein, ändert aber nichts am Problem: Was nutzt ein hervorragend detailliertes Modell mit den modernsten Innereien, wenn die Basis – sprich das Gleis – schlicht und ergreifend verbesserungswürdig erscheint? Und das gilt sowohl für Optik wie Funktion.

Zielsetzung dieses Buchs ist es quasi aus der unmittelbaren Praxis des Modellbahnanlagenbaus, genauer: des Gleisanlagenbaus, heraus auf technische Unzulänglichkeiten des Modellgleises aufmerksam zu machen und gleich Lösungsansätze mitzuliefern. Es wird darum gehen, funktionale Gleise und vor allem Weichen aus vorhandenem, in der Regel gebrauchtem Material herzustellen, denn wer ist schon in der Lage für jedes neue Bauprojekt massenweise Gleise neu zu kaufen?

Das Spektrum der behandelten Themen reicht von einfachen Optimierungen vorhandener Gleise bis zum reinen Selbstbau von Weichen. Letzteres ist gerade für diejenigen Modellbahner interessant, die eine spezielle Gleis- bzw. Weichengeometrie benötigen, die evt. industriell nicht gefertigt und angeboten wird. Natürlich geht es darum, die zahlreichen Verbesserungs-, Umbau- und Bauvorschläge allgemein nachvollziehbar zu gestalten und dabei die durchschnittliche Modellbahner-Werkstattausrüstung und -befähigung zu berücksichtigen. Deshalb werden keine teuren Maschinen und Spezialwerkzeuge benötigt, sondern vor allem viel Bastellust, -freude und natürlich zwei Hände.

Die in diesem Buch vorgestellten Produkte stellen keine Kaufempfehlung dar, sondern wurden aufgrund ihrer Eignung zur Präsentation bestimmter Bastelvorschläge ausgewählt bzw. sind Erfahrungsgegenstand des Autors.

Besonderer Dank geht an dieser Stelle an meinen niederländischen Modellbahnfreund Jan für die zahlreichen guten Tipps und Hinweise sowie an die Damen und Herren bei verschiedenen Gleissystemherstellern im In- und Ausland, die meine zahlreichen Fragen und hartnäckigen Nachfragen geduldig und stets freundlich beantwortet haben.

Ulrich Lieb

1. Einleitung

Das Thema Gleise, Gleisanlagen und ihre Verbesserungsmöglichkeiten ist unübersichtlich groß. Daher unternimmt dieses Buch den Versuch punktuell Lösungswege bei betrieblichen Problemen, die auf Gleise und ihre Beschaffenheit zurückzuführen sind, aufzuzeigen. Der Autor greift dabei auf seinen persönlichen Erfahrungsschatz aus langjähriger Anlagenbaupraxis zurück.

In erster Linie ist bei dem vorliegenden Buch und seiner Themensetzung an Modellbahner gedacht, die einen Bestand an Gleisen haben, der nun, vielleicht im Rahmen eines neuen Projekts, wieder verwendet werden soll. Das dürfte bei den meisten Modelbahnkollegen ja der übliche Weg sein. Natürlich kann auch derjenige Modellbahner, der am Anfang seiner Baukarriere steht und neue Gleise erstehen will, einige Tipps und Hinweise auf konstruktive Schwachstellen der Gleise und deren Verbesserungsmöglichkeiten finden.

1.1. Vorüberlegungen – warum verbessern?

Wie nähert man sich dem Thema am besten? Vielleicht greifen wir einfach ins volle Leben und gehen ins Modellbahngeschäft. Dort habe ich vor gar nicht langer Zeit folgendes Gespräch verfolgen können:

Neulich im Modellbahngeschäft. Draußen regnet's, drinnen riecht's nach Eisenbahn. Schön. Fachsimpelnderweise zwei Herren im Gespräch, offenbar gute Kunden, haben Kaffee gekriegt. Auch schön. Ein quengelnder Jungmodellbahner zerrt am Ärmel des nach Ansicht eben des erwähnten Jungmodellbahners nicht ausreichend spendablen Vaters. Haben beide nichts zu trinken.

Draußen regnet's immer noch, drinnen »eisenbähnelts«. Da lässt sich das Gespräch vernehmen: »Gleise? Was soll man denn da besser macha?«, fragt der Herr mit weißem

Modellbahn pur: Eine Lok und ein Gleis, mehr braucht es nicht zum Glücklichsein. Aber Scherz beiseite: Diese beiden Komponenten – Lok und Gleis – und ihre einwandfreie Funktion sind ausschlaggebend für das zufriedenstellende Spiel mit der Modellbahn.

Haar und Nickelbrille und stellt die Kaffeetasse weg. »Na ja«, entgegnet der Herr mit Glatze, »die Loks fahren halt nicht so, wie sie sollen!« »Ah bah!«, sagt da der bebrillte Herr mit wegwerfender Handbewegung, »das liegt doch nicht am Gleis, sondern an ihren Lokomotiven. Putzen se die mal, aber richtig, dann flutscht des wieder.« Der Herr mit Glatze zieht die Augenbrauen hoch und blickt den weißhaarigen Herrn von unten an: »Aber meine Loks sind nagelneu. Hab ich mir erst kürzlich gekauft. Die Gleise sind halt alt.« – »Na dann putzen se halt die Gleise auch. Kann doch koi Problem sei«, erklärt der Weißhaarige und nippt wieder an der Tasse. »Hab ich, mein Guter, hab ich. Sogar ausgiebig mit Modellbahnfluid und dann mit öligem Läpple nachgerieben, wie man es immer lesen kann,« antwortet der Herr mit Glatze.

Der Herr mit Brille stutzt erkennbar, stellt die Tasse weg und wischt sich über den Mund: »Kann doch net sei. Des muss doch laufa! Tut's in ihrem Keller roschten?« – »Nein, nein, in meinem Keller ist alles in Ordnung. Bin ziemlich frustriert. Da fang ich mit neuen Modellen wieder mit der Modellbahnerei an und dann fährt das alles nicht so richtig, obwohl ich geschrubbt und gewienert habe.« Da mischt sich der Inhaber des Lädchens ein, gießt nochmal Kaffee nach und wendet sich an den Herrn mit Glatze: »Wie alt sind die Gleise denn?« – »Na so an die 30 Jahre, aber nicht rostig, sind immer trocken gelagert gewesen. Stammen von der Anlage meines Vaters und wurden vor langer Zeit abgebaut und gelagert.«

Der Jungmodellbahner hat was Neues entdeckt, der Vater drängt entschlossen in Richtung Ausgang. Irgendwo fällt jemandem eine Schachtel runter, ein gehetzter Mann betritt den Laden und murmelt irgendeine Bestellnummer.

Der Herr mit den weißen Haaren nimmt das Gespräch von neuem auf: »Ich habe keine Probleme mit meinen Gleisen und das seit 40 Jahren. Ist mir schleierhaft, was Sie da erzählen.« Der Herr mit Glatze rührt seinen Kaffee um und entgegnet: »Wie fahren Sie denn? Ich meine, was ist Ihnen denn wichtig? Bauen sie die meiste Zeit oder betreiben Sie ihre Bahn auch?« – »Na, klar fahre ich«,

Offenbar eine Diskussionen über die Modellbahn; vielleicht sogar über Gleise? Der Hammer soll auf diesem Bild aber etwas anderes symbolisieren: Das Selbermachen, Basteln an den Gleisen und ihrem Umfeld steht im Vordergrund.

sagt der Weißhaarige »und das sogar regelmäßig. Ja mei, wie ich fahre? Mit den Streckenloks hauptsächlich, die kleinen Rangierloks, die machen halt nicht soviel Spaß, gell!« Der Mann mit Glatze reißt die Augen auf: »Hoi! Wieso machen die denn keinen Spaß?« – »Na, weil se net so gut fahren, auf Weichen gern standableiba.« – »Upps«, entfährt es dem Mann mit Glatze, »ja, dann haben sie doch ein bisschen Ärger mit ihren Gleisen?« – »Nö, des liegt an den Loks.« – »Bleiben denn alle kleinen Loks auf ihren Weichen stehen?«, fragt der Herr mit Glatze. »Ja, meischtens scho! Des isch mir aber egal. Des isch halt so!«, zuckt der Weißhaarige mit den Schultern.

Wir verlassen den heimeligen Laden und treten in den Regen hinaus. Vorbeirauschende Autos spritzen, kläffende Hunde gegenüber, Bratwurstgeruch. Wir wissen nicht, was der freundliche Fachhändler empfohlen hat, ob er nochmal Kaffee nachgeschenkt und ob der Jungmodellbahner seinem Vater doch noch einen Bausatz aus dem Geldbeutel geleiert hat. Das ist auch egal. Festzuhalten bleibt: Wenn's klemmt und ruckelt, muss es nicht unbedingt die Lok sein – und es muss auch nicht am Gleis liegen. Jetzt sind wir nicht unbedingt schlauer.

Aber: Um zu einem befriedigenden Modellbahnbetrieb zu kommen – und darum geht es in diesem Buch – sind technisch einwandfreie Lokomotiven – das setzen alle Bastelvorschläge dieses Buchs voraus – mindestens ebenso wichtig wie ein technisch optimales Gleis. Und an letzteres gilt es Hand anzulegen.

In einem Punkt dürften sich Modellbahner, -bastler und die Freunde des Fahrbetriebs einig sein: Im Hinblick auf das Gleis geht Funktion vor Optik oder besser: sollte Funktion vor Optik gehen. Die betriebliche Sicherheit ist weitaus wichtiger als das vorbildgetreue Aussehen. Die Sicherheit spielt also bei

Kein Gleisschrott, sondern vielmehr das übliche Gleissammelsurium, das sich beim Abbau oder Umbau einer Anlage angesammelt hat. Was kann man weiter verwenden? Und ist es nicht besser, Neues zu kaufen? Nein, mit ein bisschen Bastellaune lassen sich auch gebrauchte Gleise wieder verwenden.

der Modellbahn wie beim großen Vorbild die Hauptrolle, denn, wie bereits gesagt, was nützt mir das toll aussehende Gleis, wenn die (technisch einwandfreien) Loks darauf nicht fahren wollen? Eben!
Sicher: Heutige moderne Gleissysteme vereinen Betriebssicherheit mit hoher Modelltreue. Sie lassen sich mit den »Gleisen« früherer elektrischer Eisenbahnen gar nicht vergleichen. Doch der technische Fortschritt hat auch vor Modellbahngleisen nicht Halt gemacht, neue Techniken haben auch hier Einzug gehalten.

1.2. Ziele

Die Qualität des Modellbahnbetriebs steht und fällt nicht nur mit der Zuverlässigkeit der Lokomotiven, sondern auch mit der des Fahrwegs, also des verwendeten Gleis- und Weichensystems. Auch die heute angebotenen Gleissysteme sind noch mit Mängeln behaftet und stellen oftmals eine Kompromisslösung anstatt eine betriebssichere Basis für das Modellbahnvergnügen dar.
Darauf hat auch der renommierte Modellbahnautor Horst Meier in seinem Kommentar im MIBA-Messeheft 2009 (S. 60) aufmerksam gemacht, als er anmerkte: »Auch wenn die technische Entwicklung hier ungebrochen weitergeht – gerade für den Fahrweg mit all seinen mechanischen Unzulänglichkeiten bleibt noch viel zu tun. Denn erst, wenn die Basis richtig funktioniert und der Fahrbetrieb sicher ist, kann man seine Technik auch wirklich verfeinern.«

Ziel des Buchs ist es, mit vertretbarem Aufwand Mängel an den Schienen und Weichen zu beseitigen, zumindest aber den Betrieb auf ihnen sicherer und damit zufriedenstellender zu machen.

Lok aus den Gleisen gekippt, also doch Gleisschrott? Auf dass es gar nicht erst soweit kommt: Mängel an Gleisen früh erkennen und dann beseitigen, schließlich Lok wieder ins Gleis hieven. Erledigt! Nächster Fall!

Neben einer Einführung in die Gleis- und Weichentechnik erhält der Leser einen praxisbezogenen Leitfaden an die Hand, mit dem er nicht nur Gleis- und Weichensysteme besser kennen lernt, sondern auch etwas über die spezifischen Schwachstellen und deren Beseitigung bzw. Verbesserung erfährt.

WISSENSWERTES

Damit keine Missverständnisse entstehen

Mit allen derzeit angebotenen Gleissystemen lässt sich natürlich ein Modellbahnbetrieb aufziehen. Bei pfleglicher Behandlung wird sich dieser auch über ein Modellbahnerleben erstrecken. Es geht mir darum, auf Industriematerial aufbauend, Gleise zu verbessern, und zwar in funktionaler Hinsicht. Denn das Ziel der Modellbahnerei ist für mich nach wie vor der Fahrspaß, und dieser hängt von den Gleisen ab.

1.2.1. Grundlagen

Wer sich unbedarft mit der Modellbahnerei zu beschäftigen beginnt, der wird sich bald vor lauter Normen und Daten genervt an den Kopf schlagen. Seien wir froh, dass heute vieles genormt ist, denn das war nicht immer so und es war eine langwierige Entwicklung, bis endlich verbindliche Normen für Gleise aufgestellt worden sind.

WISSENSWERTES

Was bedeutet NEM?

Die in diesem Buch genannten Normen beziehen sich auf die NEM, die Normen Europäischer Modelleisenbahnen. Die NEM werden von der Technischen Kommission des MOROP in Zusammenarbeit mit Modelleisenbahnherstellern definiert und vom MOROP herausgegeben. Die relevanten Daten sind z. B. unter www.miba.de/morop zu finden. Sie sind nach folgenden Schema geordnet: NEM 000–099 Grundlagen, 100–199 Bauwesen, 200–299 Einrichtungen für den elektrischen Betrieb, 300–399 Fahrzeuge, 600–699 Elektrische Bauteile, 800–899 Epochen, 900–999 Anlagen-Module.

»Spezifische Schwachstelle« beim Vorbild: Ein Knick im Gleisverlauf gibt es nicht nur auf der heimischen Anlage, wie diese Bild beweist. Was beim Vorbild dank genügend Gewichtskraft meistens noch gut geht, kann eine leichte Modellbahnlok schon aus den Gleisen hebeln.

Schon bei den Altvorderen, jenen »echten« Eisenbahnern des 19. Jahrhunderts, sorgte es regelmäßig für Verdruss, wenn aus Gründen der Kostenreduktion eine Lokomotive ein und derselben Bauart bei verschiedenen Herstellern bestellt wurde. Waren die guten Stücke dann im Einsatz, ergaben sich bald Probleme mit der Ersatzteilversorgung.
Ganz ähnlich hat es sich auch mit den Gleisen verhalten. Denn von Anbeginn der Eisenbahn gab es verschiedene Gleise, ja man kann sagen, dass in der Frühzeit jede Bahngesellschaft ihre eigenen Gleisnormen nutzte. Es leuchtet ein, dass nicht nur die Spurweite, sondern auch die Profilbeschaffenheit dem freizügigen Einsatz von Eisenbahnfahrzeugen Grenzen setzte. Auch wenn das heute vom Querschnitt übliche Profil schon um 1825 in England benutzt worden ist und sich

Gleise sind immer auch ein Knäuel von Geschichte. Was könnte dieses Gleis denn alles erzählen, wenn man es ließe?

durchgesetzt hat, so existierten doch eine Vielzahl an unterschiedlichen Sorten, die in der eisenbahntechnischen Frühzeit als Ausdruck des Selbstbewusstseins jedes kleinen Duodezfürsten und seiner Eisenbahngesellschaft fungierte. Aber das ist zum Glück eine Weile her.

WISSENSWERTES

Schienenprofil

Darunter versteht man den Querschnitt eines Gleises mit dem für heutige Gleise charakteristischen »stierkopfartigen« Erscheinungsbild.

Die Basis bildet der Schienenfuß, auf dem das Profil aufbaut und im Schienenkopf als der Verkehrsfläche ausläuft.

1.2.1.1. Schienenprofilhöhe

Im Lauf der vergangenen 40 Jahre hat sich die Profilhöhe der Großseriengleise in Baugröße H0 kontinuierlich verringert. Von 2,7 mm ging es hinab auf 2,5 mm und erreichte schließlich 2,1 mm. Da war noch nicht Schluss: Peco hat nun 1,9 mm Profilhöhe bei seinem Code-75-Gleis erreicht.

Hier eine Übersicht über die Schienenprofile im Modellbahnbereich nach NEM 120.

A bezeichnet die gesamte Schienenprofilhöhe, B die Breite des Schienenfußes und C bezieht sich auf die Breite des Schienenkopfs.

Im Bild zwei Modellgleis-Profile: Links das Roco-Line-Profil Code 83, also mit 2,1 mm Höhe. Das wirkt schon sehr zierlich. Peco setzt mit dem Code 75 noch eins drauf: Nur noch 1,9 mm Schienenprofilhöhe sind angesagt. Fahrzeuge mit genau eingehaltener NEM-Radsatz-Norm können es befahren.

NEM	Baugröße	A	B	C
Code 40	Z	1.01	0.90	0.50
Code 55	N / Z	1.40	1.30	0.70
Code 70	TT / N	1.80	1.60	0.80
Code 75	TT / H0	1.90	1.72	0.78
Code 83	H0	2.10	1.80	0.90
Code 100	H0	2.54	2.20	1.10
Code 125	0	3.17	2.70	1.50
Code 148	0	3.75	3.20	1.60
Code 172	1	4.36	3.80	1.90
Code 208	1	5.28	4.50	2.30

WISSENSWERTES

Code

Mit dem Begriff »Code« – er entstammt dem Englischen und bezeichnet soviel wie eine Ziffer oder einen Namen, auch als »Vereinbarung« ist das Wort zu übersetzen – haben zuerst US-amerikanische Modellbahner die Gleisprofilhöhe ihrer Modellbahnen definiert. Der Code basiert dabei auf der Maßeinheit eines Tausendstel Zolls, also 0,0254 mm. Das heißt, ein Gleis des Codes 100 ist demnach 100 mal 0,0254 mm, also 2,54 mm hoch.

1.2.1.2. Gleistrasse

Das Vorbild baut die Gleise auf ein Schotterbett (also der sogenannte Oberbau), das den durch die Fahrzeuge erzeugten Druck verteilt. Der Unterbau ist das Planum, auf dem der Oberbau ruht. Der typische Querschnitt entspricht einem niedrigen Damm. Dabei differieren die Maße des Dammes je nach Vollbahn bzw. Schmalspurbahn.
Die Übersicht gibt die wichtigsten Daten eines Modell-Bahnkörpers zunächst in Normal-, nachfolgend in Schmalspur an:

Baugröße	Spurweite in mm	Schwellenbreite in mm	Schotterbettkrone in mm
I	45	82	106
0	32	58	76
H0	16,5	30	38
TT	12	22	28
N	9	16	22
Z	6,5	12	16

Baugröße	Spurweite in mm	Schwellenbreite in mm	Schotterbettkrone in mm
0m	22,5	40	49
0e	16,5	33	42
H0m	12	21	25
H0e	9	17	22
Nm	6,5	12	14

An diesem Nebengleis noch schwach erkennbar: das Schotterbett und der Damm.

Die Neigung eines Schotterbetts beträgt übrigens 1:1,25, d. h., auf einer Strecke von 1 cm in der Senkrechten wird eine Abweichung von 1,25 cm von eben dieser Senkrechten erreicht.

Nachzuschlagen sind die Maße in der NEM 122 und 123, die Breite und Aussehen von Modellbahngleisen und ihres Unterbaus bei Normal- und Schmalspurbahnen fixieren.

Rocos – mittlerweile nicht mehr produziertes – Bettungsgleis bildet den Oberbau des Vorbilds nahezu exakt nach.

1.2.1.3. Gleis und Rad

Es war die Errungenschaft der Eisenbahnpioniere, dass sie einst die bereits schon seit langem bekannten Systeme »Schiene« (in britischen, aber auch anderen europäischen Kohlengruben seit dem Mittelalter bekannt) und »Rad« (schon in der Antike bekannt) mit einander kombinierten. Das macht das Geheimnis und den (damaligen) Erfolg der Eisenbahn aus: Das Rad-Schiene-System gestattet erst die rasche, vom Wetter und der Beschaffenheit des Weges weitgehend unabhängige Beförderung von Gütern und – ja – auch Reisenden. Es leuchtet ein, dass die Güte des Betriebs mit der Beschaffenheit des Rades und der Schiene steht und fällt. Warum soll es im Modell anders sein?

Im Modell sind heute eine Reihe von Radmaßen verbreitet. Hier eine Übersicht über die wichtigsten Radsatzmaße und Radnormen in Baugröße 1:87 (NEM, RP25 und H0pur):

Das funktionale Rad-Schiene-System beim Vorbild. Auffällig wie zierlich der Spurkranz dieser Elektrolokomotive der Baureihe 152 doch ist. Der Vergleich (siehe folgendes Foto) mit einem Lokomotiven-Radsatz nach der NEM erschüttert den beflissenen Modellbahner geradezu.

Die erwähnten Loks mit den heute üblichen NEM-Radsätzen. Nachdem sich die durch das Betrachten des vorgehenden Bilds erzeugte Erschütterung gelegt hat, wieder zurück zu den Fakten: Spurkränze und Radsätze an Modelllokomotiven sind überdimensioniert. Auf NEM-Gleissystemen sind sie nicht beliebig zu schwächen. Wer zu einem feinen Gleissystem greifen will, etwa H0pur, muss sämtliche Radsätze abändern lassen. Mühevoll, aber dafür sieht es toll aus.

Radnorm	Innenmaß in mm	Spurkranzhöhe in mm	Spurmaß in mm
NEM	Mindestens 14,3	0,29-0,44	16,21-16,39
RP25	Keine Definition	Maximal 1,2	Mindestens 14,3
H0pur	15,5-15,6	Keine Definition	16,3-16,4

1.2.1.4. Zur Baugrößenwahl

An dieser Stelle seien ein paar Bemerkungen zur Baugröße erlaubt. Was hat das denn jetzt mit der Optimierung des Fahrwegs zu tun?, wird mancher fragen. Das Buch richtet sich doch in erster Line (aber nicht nur) an Hobbykollegen, die schon einen Altbestand an Gleisen haben, den sie verbessern wollen. Gemach.
Ehe wir uns in das Verbessern der Gleise stürzen, will ich noch ein paar Dinge vorab erläutern.

1.2.1.4.1. Gegenseitige Abhängigkeiten

Die Wahl der Baugröße hängt eng mit den persönlichen Vorlieben zusammen. Ausschlag gebend ist dabei die Beantwortung der Frage, was der Modellbahner auf seiner Anlage anstreben möchte: In erster Linie Fahrbetrieb oder doch lieber Rangierspiel? Es ist ein Irrtum, die Wahl der Baugröße vom vorhandenen Platz abhängig zu machen. Man muss keinen Garten besitzen um Modellbahnspaß in Baugröße IIm zu haben und wer einen ganzen Keller sein eigen nennt, darf ruhig eine Miniclub-Anlage bauen. Wichtiger in diesem Zusammenhang ist immer die Frage, was will ich eigentlich? Ergo: nur fahren, oder doch rangieren, oder beides?

1.2.1.4.2. Kontaktsicherheit

Die Fahrsicherheit ist nicht von der verwendeten Stromart (also Gleich- oder Wechselstrom) abhängig, sondern allein von der Kontaktsicherheit. Und die Kontaktsicherheit hängt von der Gleiskonfiguration und der verwendeten Baugröße ab. Es ist doch klar, dass eine zierli-

Zwei weit verbreitete Radsätze: Links der Märklin-H0-Radsatz mit recht hohen Spurkränzen, rechts ein NEM-Radsatz, hier von Roco, niedriger, aber immer noch deutlich überdimensioniert.

Es leuchtet schon ein, dass die schiere Masse der H0-Lok in der Regel für höheren Anpressdruck der Räder und damit – zumeist – besseren elektrischen Kontakt sorgt als die – relativ – kleine Lokomotive der Baugröße N.

che Lok in Nenngröße Z aufgrund seiner Zierlichkeit im Vergleich zu Maschinen größerer Maßstäbe nur einen Bruchteil der Masse einer z. B. H0-Lok besitzt. Das hat Einfluss auf die Kontaktsicherheit: Der damit verbundene geringere Anpressdruck der Radsätze auf den Schienen beeinflusst nunmal die Kontaktsicherheit.

Elektrischer Kontakt

WISSENSWERTES

Mit einem elektrischen Kontakt wird zwischen zwei Stromkreisen der Bauelemente eine Strom leitende Verbindung hergestellt. Im Hinblick auf die Modellbahn und ihre spezielle Konfiguration dienen sogenannte Schleifkontakte zur Kontaktierung sich bewegender oder bewegter Teile. In der Regel verwendet man zur Kontaktierung Metall bzw. Metalllegierungen, etwa Phosphorbronze.

Eben dieser Kontakt ist für den befriedigenden Modellbahnbetrieb das wichtigste, weniger die Detaillierung eines Fahrzeugs oder sonstiges. Zwar gibt es allerlei Tricks, die Physik zu überlisten und ein Fahrzeug zum Fahren zu bringen, etwa Schwungmassenantriebe, zusätzliche Stromabnahmebleche, spezielle Fahrpulte mit z. B. Impulsbreitenmodulation oder Halbwellensteuerung.

Diesen Notlösungen ist aber allen das Grundproblem zueigen, dass die Kontaktsicherheit über Wohl und Wehe des Modellbahnbetriebs entscheidet und eine Lokomotive eben nur eine endliche Anzahl von Kontaktpunkten aufweist.

Das sind physikalische Grundgegebenheiten, die nicht einfach ignoriert werden können. Nichtsdestotrotz würde ich die Empfehlung vieler (wenn auch nicht aller) erfahrenen Modellbahner für Rangierthemen zu den

größeren Baugrößen zu greifen, die kleineren Baugrößen aber nur für Fahrthemen zu nehmen, nicht unwidersprochen stehen lassen.
Denn: Bei allen Kompromissen, auf die derzeit bei den erhältlichen Gleissystemen eingegangen werden muss, kann doch mit etwas Liebe ein sehr sicherer Betrieb gewährleistet werden. Sicher: Je größer die Baugröße, desto sicherer die Betriebseigenschaften, aber auch in der am weitesten verbreiteten Baugröße H0 kann man mit einfacheren Mitteln die Betriebssicherheit erhöhen.
Generell kann man sagen, dass die Fahrsicherheit auf der Kontaktsicherheit beruht. Daraus folgt, dass ein Gleissystem umso zuverlässiger »arbeitet«, je sicherer (und zahlreicher) die Kontakte sind.
Die Empfehlung zu großen Baugrößen zu greifen, wenn man kontaktsicher fahren und rangieren will, gilt auch heute noch. Natürlich ereilt einen dann unversehens wieder das Platzproblem, das man durch geschickte Gestaltung »besiegen« kann: In IIm (Schmalspurbahn im Maßstab 1:22,5) kann man z. B. durchaus vorbildgerecht mit engen Radien arbeiten.
Und noch eines: Wir alle werden älter, nehmen zu an Weisheit und Steifheit, die Augenleistung lässt u. U. auch mal nach: Größere Baugrößen bieten unter dieser Perspektive noch einigen Vorteile, etwa weil Putzorgien weniger dramatisch ausfallen oder weil die größeren Fahrzeuge eben auch leichter erkennbare Details besitzen.

1.2.1.4.3. Zusammenfassung

Zusammenfassend noch folgende übersichtliche Aufstellung, die einem am Anfang stehenden Modellbahner vielleicht Entscheidungshilfe bietet:

Baugröße	Möglichkeiten	Bemerkungen zu Fahrzeugen
II	In der Regel Schmalspuranlagen, sichere Fahreigenschaften bei großer Kontaktsicherheit	Relativ großes Großserien-Industrieangebot, z. B. LGB
I	Zumeist Haupt- und Nebenbahn, sichere Fahreigenschaften bei großer Kontaktsicherheit	Übersichtliches Großserien-Industrieangebot, z. B. Märklin, PIKO
0	Haupt- und Nebenbahnthemen, auch Schmalspurbahnen, sichere Fahreigenschaften bei großer Kontaktsicherheit	Übersichtliches Großserien-Industrieangebot, z. B. Lenz, Henke
H0	Sämtliche Themen, relativ sichere Fahreigenschaften	Größtes Großserien-Angebot des Markts
TT	Haupt- und Nebenbahn, relativ sichere Fahreigenschaften	Großserien-Angebot hauptsächlich durch Tillig, zahlreiche weitere Anbieter wie Kühn, PIKO etc.
N	Haupt- und Nebenbahn, physikalisch bedingt nicht durchgängig sichere Fahreigenschaften	Umfangreiches Großserien-Angebot
Z	Haupt- und Nebenbahn, physikalisch bedingt nicht durchgängig sichere Fahreigenschaften	Großserien-Angebot im Prinzip nur Märklin

Betriebshof Ulm 2002, Foto: U. Miethe

Bahnbetriebswerk Osnabrück 1966, Foto: C. Bellingrodt, Slg. H.-G. Kleine, Archiv transpress

Der Freund eines großen Lokomotivparks muss nicht unbedingt eine entsprechend große Anlage bauen, auch wenn das Vorbild wie hier gegenteiliges suggeriert. Eine kleine Außenstelle, vielleicht mit einem Lokschuppen, und schon hat man den Einsatz einer Vielzahl von Lokomotivchen hinreichend motiviert.

1.2.1.5. Optimierung statt Marktübersicht

Es soll in diesem Buch nicht um eine Marktübersicht zu jedem irgendwo und irgendwie erhältlichem Gleis gehen. Vielmehr geht es dem Autor darum Lösungswege aufzuzeigen, wie der Modellbahner sein Gleis optimieren kann, und das vor allem in technischer Hinsicht. Ziel jedes Modellbahnbetriebs sind tadellos laufende Fahrzeuge, und dafür ist auch das Gleis verantwortlich, nicht nur das Fahrzeug. Wenn einer mit seinem nagelneuen Rennrad über den Acker hoppelt und hinfällt, macht er dafür ja auch nicht das Fahrrad verantwortlich, oder?

Zum funktionierenden Spiel mit der Modellbahn gehört aber nicht nur Werkzeug und Baumaterial für ein gescheites Gleis, sondern auch noch etwas ganz anderes: nämlich ein Herz für die Modellbahn. Sie verbindet alle Modellbahner und alle mit dem Hobby. Und genau dieses Herz lässt den Beflissenen Hand an seine Gleise anlegen.

Um die in diesem Buch beschriebenen Arbeiten nachzuvollziehen, muss man kein Feinwerktechniker sein. Man muss nur Liebe zur Modellbahn und Vorfreude auf eine sehr gut laufende Modelleisenbahn haben, um seine Gleise verbessern zu können. Wenn die Bahn funktioniert, macht das eigentliche Spiel noch mehr Spaß, garantiert. Und man entdeckt seine Freude am Rangieren wieder, die man angesichts schlechten Gleismaterials vielleicht schon verloren zu haben glaubte.

»Nun denn«, scheint sich unser kleiner Modellbahnfreund zu sagen, »jetzt wird in die Hände gespuckt und das Monstrum so hingebogen, dass alles drüberläuft, und zwar ohne zu ruckeln.«

2. Grundlagen

Weichen und Gleise des Vorbilds. Das folgende Kapitel weiht in die Geheimnisse des Schienenwegs ein. Historisches fehlt ebenso wenig wie einige Fakten aus der Weichengeometrie. Die Tatzlagermotoren der E 94 surren schon so ungeduldig wie vernehmlich…

2.1. Entscheidungshilfen

Zugegeben, das perfekte Gleissystem gibt es nicht. Die von der Industrie angebotenen Fertiggleissysteme haben ihre Mängel (wie man diesen abhelfen kann, darum soll es in diesem Buch gehen), besitzen aber in jedem Fall genügend Betriebssicherheit und Dauerhaftigkeit um einen Modellbahner durch sein Leben zu begleiten. Ein Selbstbaugleis mag technisch im Detail besser sein, aber in den Schienenbefestigungsdetails ist es einem industriell hergestellten Gleis (das bezieht sich auf die kleineren Baugrößen, also kleiner als Baugröße 0) unterlegen.

Das Fazit kann also nur lauten: Der Modellbahner muss im Hinblick auf das Gleissystem mit Kompromissen leben lernen.

2.2. Weichen des Vorbilds

Weichen sind nicht so alt, wie man glauben könnte. Gesichert ist eine weichenähnliche Konstruktion erst für das Jahr 1776, die in einer englischen Kohlengrube per Muskelkraft umgelegt wurde und so den Kohlenhunten ihren Weg vorgab. Bei den englischen Pioniereisenbahnen der 20er-Jahre des 19. Jahrhunderts sind die Fahrzeuge über Drehscheiben umgesetzt worden.

Die erste Eisenbahnweiche im heutigen Sinn, besser das Patent für eine solche Weiche, datiert aus dem Jahr 1832 und stammt aus England. Sie geht auf den englischen Eisenbahnpionier Charles Fox (1810–1874) zurück. Sie besitzt bewegliche Zungen und ersetzt die Vorgängerbauarten, die als soge-

Weichen gibt es in mannigfacher Ausführung. Hier ein besonders »enges« Exemplar. Zwangsschienen am rechten Gleis sind ein Hinweis darauf, dass es drüberrollenden Fahrzeugen bisweilen zu eng wird und sie ins Gelände flüchten. Übrigens noch eine nette Anregung fürs Modell: Schrottcontainer als Prellbock!

nannte Schleppweichen bezeichnet wurden. Die älteste bekannte deutsche Zungenweiche belegen Quellen für das Jahr 1852 auf dem Netz der hannoverschen Staatsbahn. Damit genug Geschichte, wenden wir uns dem Heute zu.

Mannigfach sind heute die Weichenbauarten beim Vorbild. Wie nähert man sich am besten den Geheimnissen der Weichen? Am besten über die Bezeichnung.

2.2.1. Bezeichnung

Eine weit verbreitet Bauart bezeichnet das Vorbild mit folgender fast kryptisch anmutenden Buchstaben-Zahlen-Kombination: EW-49-190-1:9r-Fz(Hh). Die Bezeichnung beschreibt neben der Weichenart (hier »EW«) auch das Schienenprofil (»49«), den Radius (»190«), den Abzweigwinkel (»1:9«), die Abzweigrichtung (»r«), die Zungenbauart (»Fz«) sowie die Schwellenart (»Hh«).

Doch nun der Reihe nach.

2.2.1.1. Die Weichenarten

Die erste Abkürzung definiert die Weichenart, in unserem Fall eine »Einfache Weiche«. Übrigens werden auch Kreuzungen und die entsprechenden Weichen unter dem Begriff Weichenart zusammengefasst. Das Vorbild kennt folgende Abkürzungen:

Abkürzung	Bezeichnung für
ABW	Außenbogenweichen
BKR	Bogenkreuzung
DBKW	Doppelte Bogenkreuzungsweiche
DIBKW	Doppelte Innenbogenkreuzungsweiche
DKW	Doppelkreuzungsweiche
DW	Doppelweiche
EABKW	Einfache Außenbogenkreuzungsweiche
EIBKW	Einfache Innenbogenkreuzungsweiche
EKW	Einfache Kreuzungsweiche
EW	Einfache Weiche
IBW	Innenbogenweiche
Kr	Kreuzung

Im Bild eine Auswahl an käuflichen Industriesystemen: Oben eine schlanke Märklin-C-Gleis-Weiche, ganz unten die geometrisch entsprechende Kreuzung. In der Mitte eine schlanke Roco-Line-Weiche. Die Weichen besitzen geteilte Zungen, die Weichenzungen werden also bei diesen Systemen nicht als Ganzes umgelegt (wie beim Vorbild, es gibt aber auch beim Vorbild Weichen mit geteilten Zungen, obgleich nur bei Waldbahnen und ähnlichen kauzigen Bahnen), sondern nur ein Teil davon.

2.2.1.2. Das Schienenprofil

Die Bezeichnung »49« unseres Beispiels definiert das Schienenprofil. Das Vorbild kennt eine Vielzahl an Schienenprofilen, aus denen die Weiche gefertigt ist. Sie differieren nach Einsatz (z. B. Haupt- oder Nebenbahn), aber auch nach Geschichte und Betreibergesellschaft der Bahn (z. B. bei den Länderbahnen). Man nimmt an, dass die deutschen Bahnen im Lauf ihrer Geschichte mehr als 100 verschiedene Schienenprofile definiert und gebaut haben.

Bei den modernen Profilen definiert die Bezeichnung die näherungsweise Masse in kg je Meter an. Das »S« entstammt übrigens der DIN 5902.

Am bekanntesten ist heute das berühmte Profil S49. Es ist ein Kind der Deutschen Reichsbahn-Gesellschaft (DRG) aus dem Jahr 1929 und kommt auf den Streckennetzen der ehemaligen beiden deutschen Bahnen DB und DR, aber auch bei Privatbahnen vor. Es wird seit etwa 1984 nicht mehr gebaut, bei der DR wurde es aber noch längere Zeit verwendet.

S54 nennt sich die Nachfolgerbauart des Profils S49 mit etwas dickerem Steg, ansonsten aber weitgehend baugleich (das bezieht sich auf Schienenhöhe, Fuß- und Kopfbreite). Es ist ein Profil der Bundesbahnzeit, wurde nach der Grenzöffnung aber auch auf dem Streckennetz der DR verlegt.

Zu guter letzt noch UIC60, das ebenfalls auf beiden Streckennetzen zu finden ist. Es wird seit etwa 1960 vornehmlich auf westeuropäischen Strecken verwendet, ist es doch ein Einheitsprofil der westeuropäischen Bahnen, wie die Bezeichnung UIC nahelegt. R65 ist das Pendant dazu, ein DR-Schienenprofil nach osteuropäischen Standards, das vor allem dort verwendet wird.

Privatbahnen setzen bis heute noch oftmals Gleisprofile nach preußischen Normen ein, das gilt auch für Weichenneubauten auf Hafen- und Industriegleisanlagen. Zu den bekanntesten preußischen Profilen gehören die Bauarten 8 mit 41,38 kg/m (auch als S41 bekannt) sowie die Bauarten 6 (33,47 kg/m, S33) und 5 (24,43 kg/m, S24). Darüber hinaus haben auch die bayerische Form X (43,8 kg/m), die sächsische Form V (34,4 kg/m) und die württembergische Form E (43,78 kg/m) einige Bekanntheit erlangt.

Auf stillgelegten Nebenstrecken (so man noch eine komplette findet) dämmern Schienen wie diese Strecke dahin. Im Bild – laut Auskunft eines pensionierten Bundesbahners – die preußische Bauart 6 mit einem Gewicht von 33,47 kg je Meter, also S33. Hergestellt worden ist das Gleis 1920 vom Bochumer Verein für Bergbau und Gussstahlfabrikation (BVG).

2.2.1.3. Der Weichenradius

In unserem Beispiel definiert die Zahl »190« den Radius der Weiche in Metern, also 190 m. Seit der Gründung der Reichseisenbahnen 1922 bezeichnet der Radius den Radius der Gleismitte; bei den Vorgängerbahnen herrschte diesbezüglich ein heilloses Durcheinander, das wir uns hier ersparen wollen. Korrekterweise beträgt damit der Radius einer 190er-Weiche etwas weniger als die 190 m (weil ja von der Gleismitte aus gemessen wird und nicht mehr wie früher von der Außenkante des Bogengleises).

Aus Vereinheitlichungsgründen hat man sich beim Vorbild auf einige wenige Radien geeinigt. Schließlich hängt der Weichenradius und die Höchstgeschwindigkeit, mit der eine Weiche befahren werden kann, eng zusammen. Daraus folgt die Bedeutung des Radius' für die notwendige Signalisierung (etwa die Fahrgeschwindigkeit, mit der die betreffende Weiche befahren werden darf).

Die deutschen Bahnen kennen folgende Radien: Der erwähnte 190 m (er kann mit 40 km/h befahren werden); 300 m (50 km/h); 500 m (60 km/h); die Bundesbahn führte 1951 den Radius 760 m ein, der mit maximal 80 km/h befahren werden darf und den es bei der DR nicht gibt; mit satten 100 km/h erlaubte die DRG das Befahren des Radius 1200, der seit etwa 1929 bei Hauptbahnen gebaut wurde; die Bundesbahn wiederum definierte 1964 den 2600-m-Radius, über den schon mit stattlichen 120 km/h gebraust werden durfte. Die heutige Bahn baut schon Radien mit 6000 m (für 200 km/h) und mehr.

2.2.1.4. Der Abzweigwinkel

Nachdem die obige Bezeichnung für den Modellbahner eher von akademischem Wert ist, dürfte der nun folgende Abzweigwinkel schon weitaus interessanter sein. 1:9 ist die Bezeichnung für die deutsche Standardweiche schlechthin. Mit »1:9« (sprich »eins zu neun«) wird der Tangens des Weichenwinkels bezeichnet. Mit verständlicheren Worten heißt es eigentlich nichts anderes, als dass sich das abzweigende Gleis auf einer Strecke von 9 m genau 1 m vom gerade weiterführenden Stammgleis entfernt hat. Generell gilt, dass je größer die Zahl/Ziffer nach dem Doppelpunkt ist/sind, desto flacher verläuft die Weiche und umgekehrt, je kleiner die Zahlen nach dem Doppelpunkt, desto steiler ist die Weiche.

WISSENSWERTES

Tangens zur Weichenwinkelangabe

Der Tangens (tan) ist eine Winkelfunktion wie die wohl bekannteren Cosinus und Sinus. In einem rechtwinkligen Dreieck bezeichnet der Tangens eines Winkels α nichts anderes als das Verhältnis der beiden Dreieckseiten a und b. Somit gilt: $\tan \alpha = a/b$.

Im Modell wird der Abzweigwinkel in Grad angegeben: Hier im Bild eine Roco-Line-Weiche mit einem Abzweigwinkel von 10°. Das Metermaß soll die Länge einer solchen H0-Weiche verdeutlichen, knappe 30 cm sind in dieser Baugröße schon eine ganze Menge Holz, wer wenig Platz hat, greift eher zu steileren Abzweigwinkeln.

Nichts anderes stellt die Weichenwinkelbezeichnung 1:9 dar. Der weiterführende Gleisstrang (9 m) und die Abweichung (1 m) bilden als den Tangens α von 1/9 oder umgerechnet in eine Gradangabe 6,3402° (oder 0,1111).

Warum werden Weichenwinkel mit dem Tangens und nicht einfach in Grad angegeben? Das hat seinen Grund in der einfacheren Darstellbarkeit und Berechenbarkeit. So misst eine Gleisverbindung einer 1:9-Weiche bei einem Gleisabstand von 6 m eben 9 x 6 = 54 m (das Maß bezieht sich auf den Abstand der jeweiligen Weichenzentren zueinander).

WISSENSWERTES

Weichenverhältnis und-winkel

Während das Vorbild stets nur von Neigungsverhältnissen und Endneigung spricht, hat sich im Modellbahnbereich der Weichenwinkel durchgesetzt. Das ist eine bloße Bezeichnungsalternative. Die Tabelle gibt eine Übersicht über die Neigung und den dazugehörigen Winkel:

Weichenverhältnis	Weichenwinkel in Grad
1:6,6	8,65
1:7,5	7,6
1:9	6,34
1:12	4,75
1:14	4,1
1:18,5	3,1

Hier ist ein gerades Herzstück beim Vorbild zu sehen: Der Bogen endet direkt vor dem Herzstück, die an diesem Punkt erreichte Endneigung wird also beibehalten und nicht vergrößert.

2.2.1.3.1. Endneigung

Deutsche Weichenbauarten werden nicht nach dem Herzstückwinkel definiert (in anderen Ländern wird das anders gehandhabt), sondern nach ihrer sogenannten Endneigung bezeichnet, hier also 1:9.
Das wird so gemacht, weil bei vielen Weichen der Radius des Abzweigs durch das Herzstück hindurch- und weiterführt, der Herzstückwinkel gibt also nicht die Endneigung der Weiche an; in der Regel ist der Abzweigwinkel höher als der Schnittwinkel am Herzstück.

2.2.1.3.2. Weichenradius und Abzweigwinkel und ihre Beziehungen

Generell stehen Weichenradius und Abzweigwinkel in engem Bezug zu einander, beliebige Kombinationen existieren nicht und sind beim Vorbild auch nicht erwünscht. In der Regel ist es so, dass es zu jedem beim Vorbild erstellten Weichenradius einen steilen und einen flacheren Abzweigwinkel gibt. Bei steileren Weichen verläuft der Bogen durch das Herzstück (»gebogenes Herzstück«) und führt weiter, bei den flacheren Bauarten endet der Bogen vor dem Herzstück (er verläuft also nach dem Herzstück gerade weiter, »gerades Herzstück«).
Eine bestimmte Endneigung lässt sich nach diesem System auf unterschiedliche Weisen erreichen: Eine Weiche mit engerem Radius und geradem Herzstück (z. B. 190-1:9) erzielt dieselbe Endneigung wie eine Weiche mit weiterem Radius und gebogenem Herzstück (z. B. 300-1:9).
Warum macht man das? Dieses System reduziert die Menge der vorzuhaltenden austauschbaren Bauteile und ermöglicht eine relativ einfache Anpassung bei notwendig gewordenen Um- oder Rückbauten. Z. B. bei einem Ausbau auf höhere Geschwindigkeiten, die einen größeren Radius notwendig machen, wird die 190-1:9 durch eine 300-1:9 ersetzt. Das hat den Vorteil, dass nicht der ganze Gleisplan umgebaut werden muss.

Eine Roco-Modellweiche mit gebogenem Herzstück: Der Bogen führt also durch das Herzstück hindurch und führt nach dem Herzstück weiter.

WISSENSWERTES

Die Standardweiche 190-1:9

Zu deutschen Länderbahnzeiten, also vor dem Ende des Kaiserreichs 1918/19, besaß jede Bahnverwaltung ihre eigenen Standardweichen. Nach der Reichsgründung 1871 begann eine gewisse Vereinheitlichung, die die Länge der Weiche beschränkte und den Radius nicht zu eng werden ließ. Die Summe der Erfahrungen aus vielen Jahrzehnten Eisenbahnbetrieb, die immer größer und schwerer werdenden Lokomotiven und den nach sich ziehenden Verschleiß an den Gleisen führte schließlich zur Standardweiche 190-1:9. Um 1929 ging man auch dazu über, den Bogen durch das Herzstück durchzuführen. Bis zu diesem Zeitpunkt musste ein Weichenbogen vor dem Herzstück enden, weil man Entgleisungen befürchtete.

Das (deutsche) Vorbild kennt folgende Radien/Endneigungskombinationen, wobei wir uns auf die Weichen beschränken, die für Modellbahnzwecke ausreichen:

- 190-1:7,5 mit gebogenem Herzstück
- 190-1:9 mit geradem Herzstück
- 300-1:9 mit gebogenem Herzstück
- 500-1:12 mit gebogenem Herzstück
- 500-1:14 mit geradem Herzstück
- 760-1:14 mit gebogenem Herzstück
- 760-1:18,5 mit geradem Herzstück

2.2.1.3.3. Reale Dimensionen

Um sich einmal die realen Dimensionen einer Weiche vor Augen zu führen, dient folgende Tabelle. In ihr wird eine Weiche auf drei Arten gemessen: Einmal in ihrer ganzen Länge G, bis zur Zunge A und von der Zunge bis zum abzweigenden Weichenende B. Spaßeshalber wurde auch eine Schnellfahrweiche 6000-1:32,5 aufgenommen (diese wäre in Baugröße H0 stolze 1,4 m lang).

Weichentyp	G in m (G ist A+B)	Länge in H0 in m	A in m	B in m
190-1:7,5	30	0,34	12,6	17,4
190-1:9	27,1	0,31	10,5	16,6
300-1:9	33,2	0,38	16,6	16,6
500-1:12	41,6	0,47	20,8	20,8
500-1:14	42,4	0,48	21,2	21,2
760-1:14	54,2	0,62	27,1	27,1
760-1:18,5	52,9	0,6	20,5	32,4
6000-1:32,5	122,2	1,4	64,6	57,6

2.2.1.4. Ergänzungen

Noch sind wir mit unserer Weichenbezeichnung nicht ganz fertig. Die Bezeichnung »r« bezieht sich auf die Abzweigrichtung, also in diesem Fall »rechts« (oder »l« für »links«).
»Fz« definiert eine der drei Weichenzungen-Bauarten, also Feder-, Federschienen- und Gelenkzungen; in unserem Fall handelt es sich um eine Federzunge.
Und last but not least beschreibt das »Hh« die Schwellenart, wobei es ebenfalls drei verschiedenen Ausführungen gibt. Unsere Weiche besitzt Hartholzschwellen, darüber hinaus gibt es noch Betonschwellen (»B«) und Stahlschwellen (»St«).

WISSENSWERTES

Zwischengerade

Das Vorbild baut zwischen zwei einander entgegengesetzte Gleisbögen («S-Bogen«) eine sogenannte Zwischengerade ein. Das soll zum einen den beim Richtungswechsel entstehenden, materialstrapazierenden Ruck herabmildern, zum anderen soll dadurch die sogenannte Überpufferung der Fahrzeuge (das Verhaken der Puffer in der S-Bogenfahrt) verhindert werden. Das Vorbild berechnet die Länge der Zwischengerade mit einem Zehntel der zugelassenen Geschwindigkeit auf der betreffenden Weiche, mindestens aber 6 m.

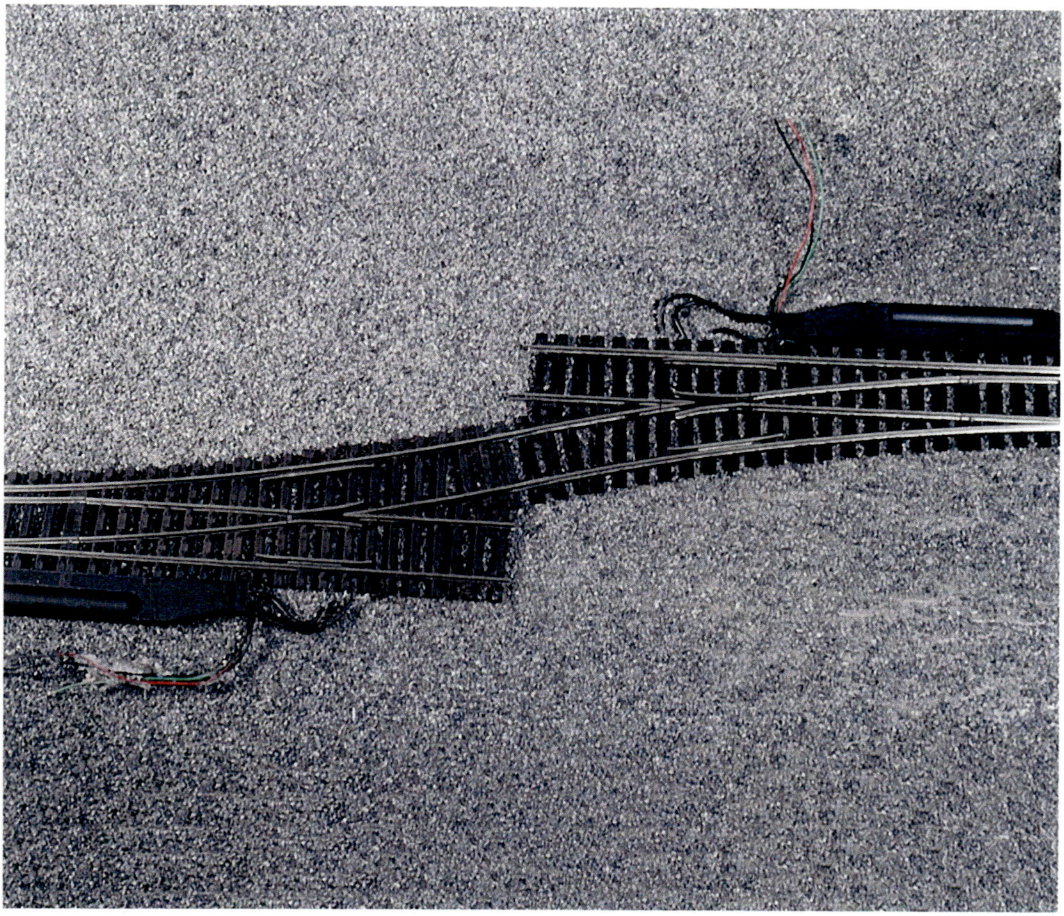

»Wie man sehr schön sieht...«, aber mal im Ernst: Das Prinzip der Zwischengerade ist für die Modellbahn mindestens so sehr zu empfehlen wie im Vorbildbereich, und das nicht nur bei Schnellfahrern. Der die Weichenverbindung durchfahrende Zug wird (mitsamt Passagieren) zwei Mal durchgerüttelt: beim ersten und dann beim zweiten Abzweig. Unschön!

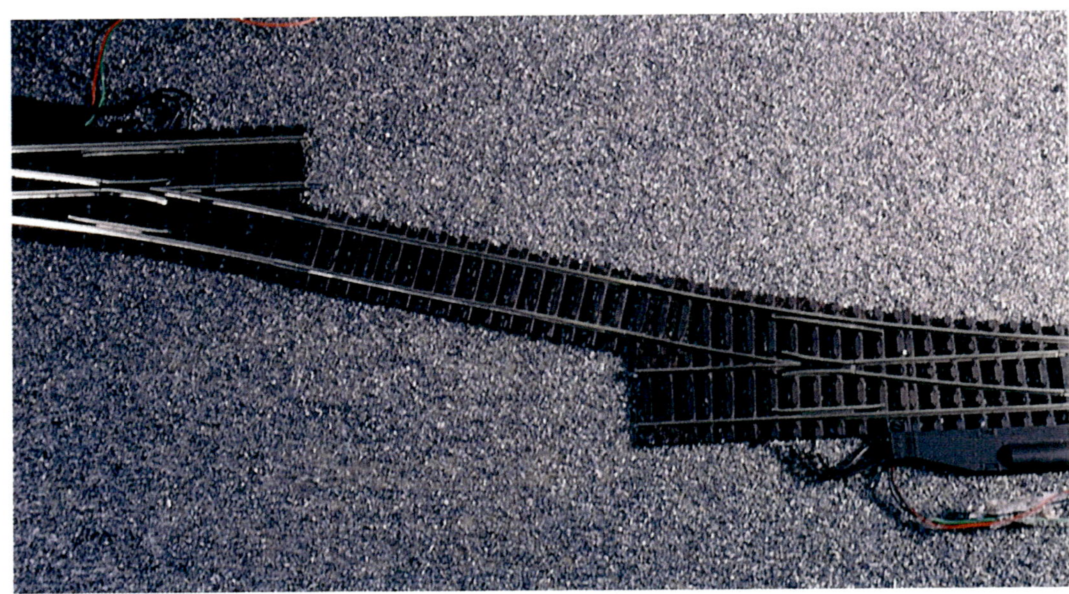

Jetzt haben weder Überpufferung noch übermäßige Materialstrapazierung eine Chance. Elegant surrt der Zug (immer noch mit Passagieren) die Zwischengerade und im D-Zug-Wagen macht sich Entspannung breit…

2.2.2. Weichen im Modell

Wie bei den Modell-Fahrzeugen sind auch bei Modell-Weichen die Gegebenheiten des Vorbilds nicht eins zu eins auf das Modell übertragbar. Der Begriff »Modell« ist bei Modellbahn-Weichen in anderer Weise gefüllt als bei z. B. H0-Gebäudemodellen oder Ähnlichem. Eine exakt maßstäbliche Weiche wäre in Baugröße H0 etwa 70 cm lang, ein Maß, mit dem niemand etwas anfangen kann. Von daher ist es auch unsinnig von den Modellbahnherstellern »endlich maßstäbliche Weichen« zu verlangen.

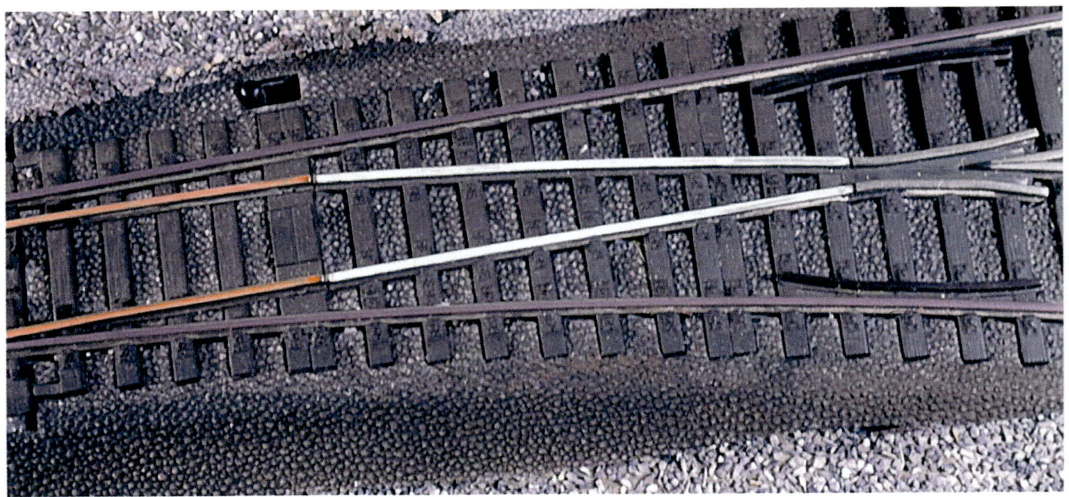

An dieser Stelle ein Blick auf die Weichenbauteile und ihre Bezeichnung: Man erkennt rechts in der Mitte das Herzstück, ober- und unterhalb davon die beiden Radlenker; in Weiß die Flügelschienen, in Braun die Backenschienen; orangefarben hervorgehoben die Weichenzungen.

2.2.2.1. Historisches

Betrachten wir die Anfänge, etwa die guten alten Blechgleise in der näherungsweisen Baugröße 0, so bildet die Weiche eines solchen Systems stets einen Teil eines Kreises. Beim alten, nicht mehr hergestellten Märklin-M-Gleis nahm die Weiche 5137 ein Zwölftel eines Kreises des Durchmessers 72 cm ein. Der Abzweigwinkel einer solchen Weiche betrug 30°.

Der Abzweigwinkel und der zugehörige Gegenbogen definieren bei Industriefertiggleisen den Gleisabstand, der bei o. g. Gleis stattliche 96,5 mm betrug. Märklin ist später dazu übergegangen ein Teil des Abzweigs abnehmbar zu gestalten, sodass ein Abzweigwinkel von 22,5° (das ist ein Sechzehntel eines Vollkreises) erreicht werden konnte. Dadurch reduzierte sich der Gleisabstand auf 54,8 mm, was dem beim Vorbild weit verbreiteten Abstand von 4,75 m recht nahe kommt.

Halten wir an dieser Stelle inne: das sind schon gewaltige Abzweigwinkel, bar jeglicher Vorbildnähe, aber für den Modellbahnbetrieb bestens geeignet, gestatten sie doch auf engem Raum umfangreichen Gleiswechselbetrieb.

Großvaters Traum: Eine Märklin-Anfangspackung aus der Modellbahn-Frühzeit. Beachtenswert sind die romantisch-einfachen, aber doch hoch funktionalen und betriebssicheren Blechgleise.

2.2.2.1.1. Lange Entwicklungen

Es ist ein langer Weg gewesen, von den spielzeughaften Weichen mit ihren steilen Abzweigen hin zu vorbildnäheren Weichen. Ein wichtiger Schritt stellt die Aufgabe des Prinzips dar, dass der Weichenbogen ein Teil eines Vollkreises sein müsse. Märklin hat dieses Prinzip mit seinem »schlanken K-Gleis« zu einem Zeitpunkt durchbrochen, als es andernorts durchaus üblich war, mit flexiblem Gleismaterial und »flacheren« Abzweigwinkel zu arbeiten, etwa in den USA oder Großbritannien.

Im Bereich der Gleisanbieter für Gleichstrombahnen drängte damals Roco mit sehr geringen Abzweigwinkeln auf den Markt, auf dem Anbieter wie Peco, Shinohara und andere vertreten waren.

Mit der Entwicklung flacherer Weichen und der Abkehr vom Vollkreisprinzip hatte für den Modellbahner, der bislang nur Industrieradien kannte und einsetzte, die Konsequenz, dass er nun mit zahlreichen Ausgleichsstücken arbeiten musste (die ganz schön ins Geld gehen konnten und können). Ohnehin ist die Auswahl an Modellgleisen für das Gleichstromsystem größer: Fleischmann, Roco, Peco, Piko, Shinohara, Tillig (einstmals auch Trix, das heutige C-Gleis ist das adaptierte Märklin-C-Gleis) um nur die wichtigsten zu nennen. Seit der Messe 2010 gesellt sich auch »Mein Gleis« von Weinert hinzu.

Die große Zahl an Herstellern führte auch zu einer Normierung der Spurkränze der Fahrzeuge. Diese Entwicklung mündete schließlich in der Definition des im Vergleich zu früheren Produkten damals revolutionär schmalen Schienenprofils Code 83 (Profilhöhe zwischen 2 und 2,2 mm). Dieses Gleis ist heute im Angebot der wichtigsten Gleishersteller vorhanden.

Auch die hier zu sehenden Roco- und Märklin-Weichen sind im Prinzip noch Teile eines Vollkreises, auch wenn den niemand ernstlich nachzubilden die Ansicht haben dürfte: Will sagen, es gibt die passenden Gegenbögen, die zusammengesteckt den erwähnten Vollkreis ergeben würden. Es ist doch schön, dass Großväterliches auch im Modernen steckt.

2.2.2.1.2. Radsätze

Die Radsätze und ihre Maße sind in der NEM 310 und 311 geregelt, es geht also um die NEM-Radsätze. Damit ist ein guter Kompromiss gefunden, denn die Radsätze nach dieser Norm funktionieren gut und die freilich zu großen Spurkränze fallen weniger auf.

Man muss bedenken, dass ein System, wie es die Modellbahn und die zugehörigen Gleise ja sind, nicht durch Verändern eines Parameters, also z. B. der Radsätze einseitig umzudefinieren ist. Stets müssen sowohl Gleis wie Radsatz verändert, will sagen verfeinert werden, damit es Sinn macht. Die Konsequenz aus feineren NEM-Radsätzen hin zu z. B. RP 25 wäre, sämtliche Radsätze kostenintensiv abzuändern und – noch schlimmer – wohl die gesamte Gleisanlage abzureißen. Denn die Fahrzeuge fahren mit solchen Radsätzen zwar über NEM-Gleissysteme, schaukeln aber.

Normen Europäischer Modellbahnen

Radsätze
Spurführungs-Maße

NEM 310

Verbindliche Norm — **Maße in mm** — **Ausgabe 2009**

(ersetzt zusammen mit NEM 110 Ausgabe 2009 die NEM 310 Ausgabe 1977)

Diese Norm ist Grundlage für die Herstellung und Prüfung von Rädern und Radsätzen, die für den Betrieb auf Gleisen nach NEM 110 geeignet sind. Die NMRA-Normen S 3, S 4 und die NMRA-Empfehlung RP 25 wurden soweit wie möglich berücksichtigt.

Die Maße weichen von den maßstäblichen Verkleinerungen des Vorbildes im Interesse der Betriebssicherheit ab.

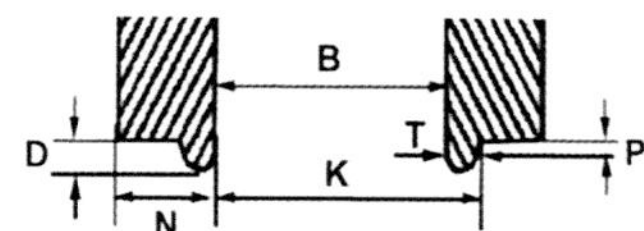

Spurweit	K [2]		B		N [3]		N1 [3]	T		D [4]		P
des Gleises	min	max [1]	min	max [1]	min [1]	max	min	min [1] [5]	max	min [1]	max	
6,5	5,7	5,9	5,25	5,5	1,55	1,6	-	0,4	0,45	0,5	0,6	0,10
9	7,9	8,1	7,4	7,6	2,0	2,2	1,8	0,5	0,6	0,5	0,9	0,15
12	10,8	11,0	10,2	10,4	2,3	2,5	2,0	0,6	0,7	0,5	1,0	0,20
16,5	15,1	15,3	14,4	14,6	2,7	2,9	2,4	0,7	0,9	0,6	1,2	0,25
22,5	20,7	20,9	19,9	20,1	3,5	3,7	3,1	0,8	1,0	0,7	1,4	0,30
32	29,7	30,0	28,8	29,1	4,3	4,5	3,7	0,9	1,2	0,8	1,6	0,40
45	42,9	43,1	41,8	42,0	4,4	4,6	-	1,1	1,3	1,0	1,6	0,50
64	61,3	61,6	59,9	60,2	6,0	6,8	-	1,4	1,6	1,3	2,0	0,60

Anmerkungen

1) Das Anstreben dieser Werte führt zur größtmöglichen Vorbildnähe.

2) Um die Grenzwerte für das Leitmass ***K*** einzuhalten, ist eine beliebige Aneinanderreihung der Grenzwerte der Spurkranzbreite ***T*** und des Radrückenflächenabstandes ***B*** nicht zulässig.

3) Die Radbreite darf kleiner als N_{min} sein, wenn die Bedingungen des Spurkranzauflaufs nach Anmerkung 4) erfüllt sind und wenn $K + N > G_{max}$ eingehalten ist.

Ohne Spurkranzauflauf kann der Grenzwert der Radbreite ***N1*** angewendet werden, wenn bei der Rillenweite an Herzstücken das Maß F_{min} (nach NEM 110) nicht überschritten wird. Andernfalls ist ein deutliches Einsinken in die Herzstücklücke zu erwarten.

4) Die Einhaltung der maximalen Rillenweite F_{max} (nach NEM 110) am Herzstück gestattet den gemeinschaftlichen Betrieb mit Rädern, deren Spurkränze eine unterschiedliche Höhe ***D*** haben. Werden infolge der Schrägstellung der Radsätze im Rillenbereich Erweiterungen über das Maß F_{max} (nach NEM 110) hinaus notwendig, so darf das Minimum der Spurkranzhöhe ***D*** nur 0,1 kleiner sein als das Maximum. Die Rillentiefe H_{max} (nach NEM 110) darf dann nur $\geq H_{min} + 0{,}1$ sein.

5) Die Anwendung von Tmin sollte mit Kmax einher gehen, um kein unnötig großes Spurspiel des Radsatzes im Gleis zu bewirken.

Die NEM 310 definiert die Spurführungsmaße bei Radsätzen…

	Normen Europäischer Modellbahnen **Radreifenprofile**	**NEM** **311** Seite 1 von 2

Empfehlung

Ausgabe 2009
(ersetzt Ausgabe 1994)

1. Zweck

Diese Norm ergänzt die NEM 310 und beschreibt ein Radreifenprofil, das bei Einhaltung der NEM 110 und NEM 310 eine hohe Laufsicherheit gewährleistet.

2. Prinzip-Darstellung

Abb.1:

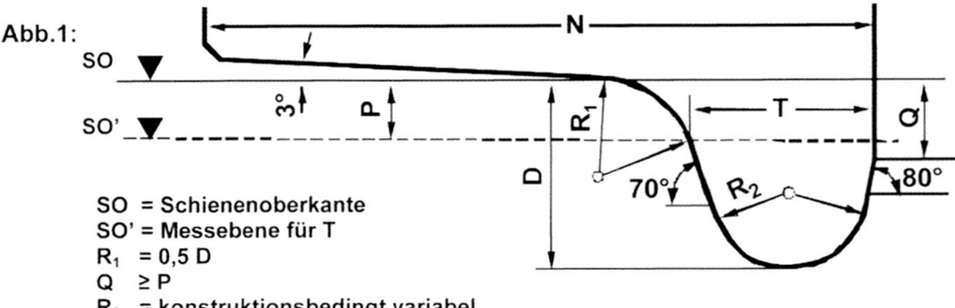

SO = Schienenoberkante
SO' = Messebene für T
R_1 = 0,5 D
Q ≥ P
R_2 = konstruktionsbedingt variabel

Die Maße für ***D***, ***N***, ***P*** und ***T*** sind NEM 310 zu entnehmen.

Die Ausrundung R_1 zwischen Lauf- und Spurkranz hat eine hohe Bedeutung für die Laufsicherheit und ist größer als die Schienenkopfausrundung ***R*** nach NEM 120. Bei Rädern mit Haftreifen kann auf die Ausrundung verzichtet werden.

3. Anwendungsmöglichkeiten

3.1 Radbreite

Die Radbreite ***N*** kann laut NEM 310, Anmerkung 3) bis auf den Wert N_1 verringert werden, wenn ausschließlich Weichen mit dem Minimalwert der Rillenweite F befahren werden. Noch schmalere Räder beeinträchtigen in der Regel zwar nicht die Betriebssicherheit, führen aber zu einem merklichen Einsinken der Räder im Herzstückbereich.

3.2 Spurkranzhöhe

Beispielhaft werden in den Abb. 2 und 3 die Grenzsituationen mit minimalem und mit maximalem Spurkranz dargestellt, wobei das Profil mit minimalem Spurkranz angestrebt werden soll. Zur Kennzeichnung dieses Profils soll die Bezeichnung „NEM 311.1" verwendet werden.

Abb. 2:
Minimaler Spurkranz
„NEM 311.1"

Abb. 3:
Maximaler Spurkranz

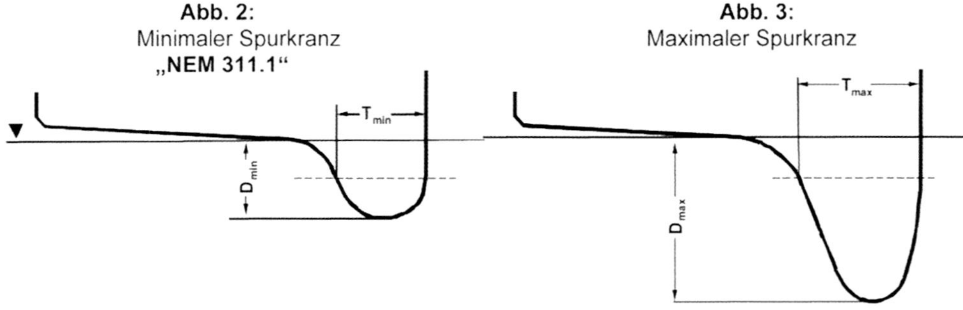

wohingegen die NEM 311 Radreifenprofile fixiert.

Die Spurkranzhöhe ***D*** kann ohne Beeinträchtigung der horizontalen Führungsfunktion im Rahmen der zulässigen Grenzmaße nach NEM 310 frei gewählt werden. Eine noch weiter gehende Verkleinerung verbietet sich durch das vorgegebene Mindestmaß für die Spurkranzbreite ***T***.

Erläuterung zu Abb. 2

Der Spurkranz nach Abb. 2 entspricht in der Form weitgehend dem Vorbild.
Geringe Spurkranzhöhen erfordern sorgfältig verlegte Gleise und eine sichere Allradauflage.

Erläuterung zu Abb. 3

Die maximale Spurkranzhöhe D_{max} nach Abb. 3 sollte nur bei Modellen mit großem Achsstand ohne gesicherte Allradauflage angewendet werden oder wenn aus mechanischen oder elektrischen Funktionsgründen ein Spurkranzauflauf in den Herzstückbereichen von Weichen oder Kreuzungen vorgesehen ist.

4. Vergleich NEM – NMRA [1)]

Das in Abb. 2 dargestellte NEM-Radprofil ist nahezu identisch mit dem NMRA-Radprofil nach RP 25.

Nach NMRA-Norm S-4.2 kann sich mit RP 25-Profilen ein geringfügig größeres Radsatz-Innenmaß ***B*** und damit ein größeres Leitmaß ***K*** ergeben als nach NEM 310 zulässig. Dies kann zum Spurkranzanlauf an der Herzstückspitze und damit zur Entgleisung führen. NMRA-Radsätze mit RP 25-Profil können daher auf NEM-Gleisen nur eingesetzt werden, wenn das Leitmaß ***K*** innerhalb des Toleranzbereiches nach NEM 310 liegt.
Fine-scale-Radsätze nach NMRA S-4.1 sind in der Regel mit NEM nicht verträglich.

Anmerkung:

1) Der geringe Unterschied zwischen den NEM- und den NMRA-Abmessungen beruht in erster Linie auf der unterschiedlichen Rillenweite im Weichenbereich, bedingt durch die verschiedenartige Fahrzeugstruktur:
   - in Europa zahlreiche Lenkachswagen mit großem Achsstand,
   - in den USA fast ausschließlich Drehgestellwagen.

   Erstere bewirken auf den engen Modellbahn-Gleisradien eine stärkere Schrägstellung der Räder und bedingen damit eine größere Rillenweite, d.h. eine kleinere Leitweite ***C*** (siehe NEM 110) gegenüber NMRA. Diese kleinere Leitweite an Herzstücken verbietet eine Überschreitung des Leitmaßes K_{max} und damit des maximalen Radrückenflächenabstandes ***B*** nach NEM 310.

2.2.2.1.3. Herzstück

Herzstück

WISSENSWERTES

In einer Weiche teilen oder vereinigen sich zwei (oder mehrere Gleisstränge). Die beiden innenliegenden Schienen schneiden sich und machen eine Lücke im Schienenweg erforderlich, damit die Radsätze, besser die Spurkränze der Radsätze, ohne Probleme weiterlaufen können. Man bezeichnet diese Lücke mit »Herzstück«. Damit wird nicht nur ein Element im Weichenbau bezeichnet, sondern der Bereich zwischen Flügelschienen (die beiden innenliegenden Gleisstränge) und Herzstückspitze. Die Flügelschienen sind an den Enden, dem sogenannten Knie, abgeknickt.

Im Hinblick auf unser Thema richten wir den Blick auf das Herzstück und untersuchen das Verhältnis von Rad und Schiene genau dort. Die Maße von Radlenker und Flügelschienen bei festen Herzstücken regelt die NEM 124.
Beim Vorbild läuft der Radsatz nur mit der Radlauffläche durch das Herzstück, die Räder rollen nur auf den Herzstückschienen. Die Herzstücklücke wird mit einem geringen Klicken überfahren.
Im Modell ist das anders: Bei Roco-Weichen ist die Herzstücklücke recht breit gehalten. Der darüberfahrende Radsatz stützt sich dort vorbildwidrig mit dem Spurkranz auf der als Laufbahn ausgebildeten Herzstücklücke (als der Raum zwischen den Schienen im Herzstückbereich) ab.
In dieser Hinsicht sind die Peco-Code-75-Weichen konstruiert, die Radsätze rollen bei diesem Gleissystem über die Schienen und nicht über eine Lauffläche im Herzstückbereich. Natürlich geschieht dies aufgrund der physikalischen Gegebenheiten nicht so elegant wie beim Vorbild, denn die Herzstücklücke muss aus mechanischen Gründen etwas größer ausgeführt werden, als es der Maßstab definieren würde. Denn die Hersteller müssen ja Rücksicht auf die verschiedenen Radsätze nehmen, d. h., damit sowohl NEM-Radsätze als auch RP-25-Radsätze (diese nicken freilich vernehmlich, bei Roco stärker, bei Peco weniger deutlich; für die Roco-Weichen gibt es spezielle Herzstückeinsätze für den RP-25-Freund, die ein Nicken der entsprechenden Radsätze verhindern) dort durchrollen, muss ein Kompromissmaß in der Herzstücklücke gewählt werden.
Aber: Wie Peco beweist, muss die Herzstücklücke gar nicht so breit sein, damit NEM-Radsätze ebenso wie RP-25-Räder ohne allzu großes Geruckel drüberrollen

Das Herzstück einer Roco-Line-Weiche. Wir erkennen eine recht breite Lücke zwischen den Herzstückschienen mit der Metallfläche, auf die die Spurkränze der Fahrzeuge auflaufen.

	Normen Europäischer Modellbahnen **Weichen und Kreuzungen mit festen Herzstücken**	**NEM** **124** 1 Seite

Verbindliche Norm

Ausgabe 1994 (21012008)
(ersetzt Ausgabe 1984)

1. Herzstückbereich

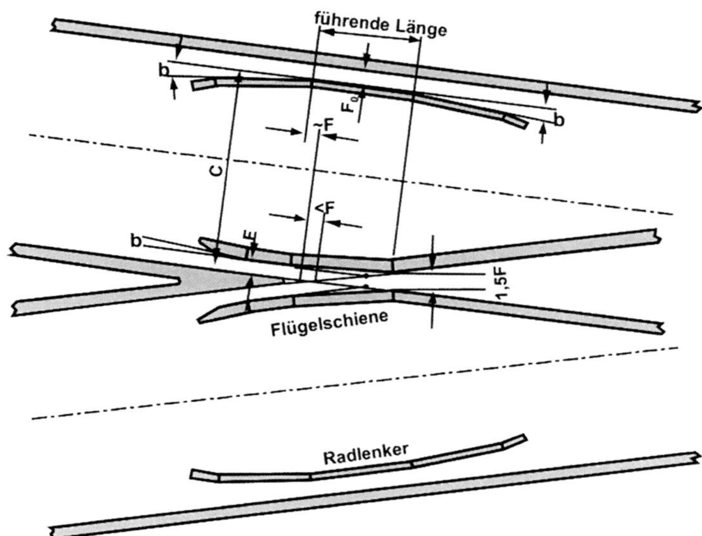

2. Zungenbereich

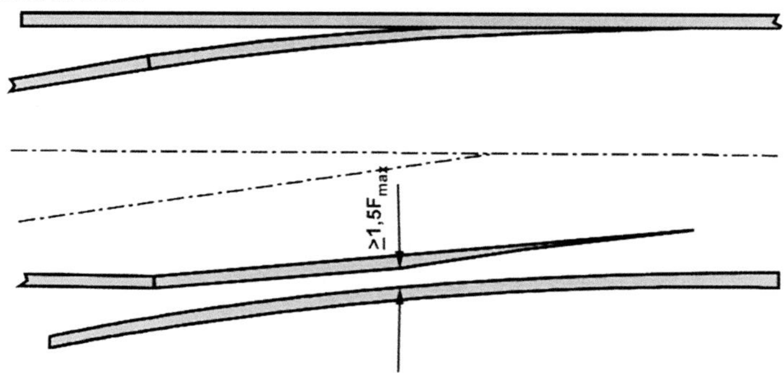

3. Erläuterungen

1. Die Maße ***C***, ***F*** und F_0 sind NEM 310 zu entnehmen.
2. Die Radlenker müssen sicherstellen, dass das innere Rad bis über die tatsächliche Herzstückspitze hinaus geführt wird. Für die Einlaufbereiche - Radlenker, Flügelschiene - gilt für ***ß*** ein Richtwert von 5°. Bei flachen Weichenneigungen können Vorbildmaße angestrebt werden; dabei darf jedoch der verhältnismäßig stark schräg stehende Radsatz langer Fahrzeuge nicht klemmen.
3. Die Radlenker dürfen nicht über die Schienenoberkante hinausragen.

Die NEM 124 gibt Auskunft über die Maße im Herzstückbereich von Weichen und Kreuzungen. Die Angaben beziehen sich auf Bauarten mit festen Herzstücken.

Eine Roco-Line-Weiche mit einem »darüberrollenden« Radsatz: Man erkennt, dass sich der Radsatz über die Spurkränze auf der als Laufbahn ausgebildeten Lücke im Herzstück abstützt. Das sichert zwar die Spannungszuführung, ist aber durch ein leichtes Nicken der Fahrzeuge festzustellen.

Derselbe Radsatz diesmal im Einsatz bei einer Peco-Code-75-Weiche (Schienenprofilhöhe 1,9 mm). Man sieht, dass die Räder über die Schienen rollen und nicht auf der Lauffläche im Herzstück aufliegen.

Hier noch mal eine Studie des schönen Herzstücks des Peco-Code-75-Gleises. Bitte, liebe Modellbahnkollegen, nicht böse sein, ist eine rein subjektive Feststellung.

2.2.2.1.4. Optik

Wichtigstes Unterscheidungsmerkmal zwischen Weichen nach deutschen und britischen Vorbildern ist die Schwellenlage. Bei britischen Weichen im Angebot von Peco liegen die Schwellen auf der ganzen Länge der Weiche immer senkrecht zum Stammgleis. Bei deutschen Vorbildern ist dem nicht so (die alten Märklin-M-Weichen haben das noch berücksichtigt, die K-Gleise z. B. sind diesbezüglich vorbildwidrig. Richtig ist: erst senkrecht zum Stammgleis, dann senkrecht zur Winkelhalbierenden).

Dieser Umstand soll hier Erwähnung finden. Freilich beeinflusst er keinesfalls die Betriebssicherheit einer Weiche, die Schwellenlage ist aber an Industrieweichen nicht zu ändern. Sehr am Vorbild orientierte Modellbahner werden diese Tatsache entsprechend berücksichtigen, für die Übrigen wird es nicht von so hoher Bedeutung sein. Von der für deutschen Verhältnisse falschen Schwellenlage abgesehen, bietet Peco eine Vielzahl an Weichentypen an.

Piko, Roco und Tillig bieten optisch weitgehend stimmige Weichen an, Nachbildung der Kleineisen und Schwellenmaserung fallen sehr gut aus.

Die links zu erkennende Peco-Weiche zeigt die britische Schwellenlage: Die Schwellen liegen im ganzen Weichenbereich immer senkrecht zum Stammgleis. Die Roco-Line-Weiche rechts daneben zeigt – vorbildwidrig – fast dasselbe Erscheinungsbild. Die drei oder vier Alibi-Schwellen können den Eindruck nicht wesentlich verbessern.

So sollte es sein, eine Weiche nach deutschem Vorbild, obgleich mit sehr steilem Abzweig: Die alte Märklin-M-Weiche weist das für deutsche Weichenvorbilder korrekte Schwellenbild auf: senkrecht zum Stammgleis, dann senkrecht zur Winkelhalbierenden.

2.2.2.1.4.1. Besonderheiten

Bei Roco wird der Bogen durch das Herzstück geführt und verläuft auch dahinter noch einige Zentimeter weiter. Das führt zum einen zu einem relativ großen Gleisabstand von 61,1 mm (der Verkehr maßstäblicher langer D-Zug-Wagen auch in nicht unbedingt empfehlenswert engeren Kurven erlaubt), diese Konfiguration erlaubt es Roco aber auch die vorbildgetreue Nachbildung der Langschwellen hinter dem Herzstück.

Aber: Der Gleisabstand ist nicht vorbildentsprechend, auch eine Zwischengerade fehlt. Zudem besitzen die Kreuzungsweichen engere Radien als die zugehörigen einfachen Weichen (zum Vergleich: EW-Radius 873,5 mm, DKW-Radius 530 mm), denn bei diesen Kreuzungsweichen wird die Endneigung bereits vor dem Herzstück erreicht. Das ist aber bei allen älteren Gleissystemen so.

Die älteren Märklin-K-Einfach-Weichen besaßen ein bewegliches Herzstück, was durchaus vorbildgerecht ist (wenn auch selten vorkommt). Dieses Detail soll (im Vorbild wie im Modell) die Fahrsicherheit über die Weiche rollender Fahrzeuge erhöhen. Bei Märklin muss aufgrund der breit dimensionierten Spurkränze die Herzstücklücke recht lang ausgeführt werden. Das bewegliche Herzstück sollte verhindern, dass diese Lücke »zu lang« wird. Vorbildgerecht besitzen diese Weichen keine Radlenker. Mittlerweile ist der Hersteller von diesem Konstruktionsprinzip abgekommen. Aktuelle K-Weichen haben feste Herzstücke.

2.2.3. Schwachstellen – konstruktiv und fahrtechnisch

Nun geht es darum einige Schwachstellen der Modellweichen vorzustellen und Lösungsmöglichkeiten zu ihrer Verbesserung aufzuzeigen.

Bis heute gilt, dass vor allem Herzstücke eine der Schwachstellen industriell gefertigter

Die geteilten Zungen einer Roco-Line-Weichen mit dem Drehpunkt, in dem die beiden Zungenteile gelagert sind. Das stellt weniger einen mechanischen als einen stromleitungstechnischen Schwachpunkt dar: Wenn hier Schmutz eindringt (wie man das hinkriegt, steht weiter unten), fällt in absehbarer Zeit die Stromversorgung der Zunge aus und das Lokomotiv'le bleibt stehen.

Gleissysteme sind. Ein weiterer Schwachpunkt ist die vorbildwidrige Teilung der Weichenzungen nach dem Herzstück. Die Weichenzungen werden dann auf je einem Drehpunkt beweglich gelagert (eine Ausnahme stellt das Tillig-Gleis dar, das durchgehende Gleiszungen besitzt).

Die NEM 310 erlaubt ein Radsatzspiel im Weichenbereich von bis zu 0,7 mm. Das hat zur Folge, dass die Weichenherzstücke für übergroßes, aber normgerechtes Spiel ausgelegt sind. Es kann nun passieren, dass sehr kleine Räder (z. B. Vorlaufachsen einer Dampflok) im Herzstückbereich nicht ausreichend geführt werden und aus den Gleisen springen können (wohlgemerkt: nicht müssen). Die Herzstücke von Peco, Tillig sind sehr eng und erfüllen die Aufgabe das Rad zu führen in vorbildgerechter Weise.

WISSENSWERTES

Was macht Weichen problematisch

In der Regel sind die beweglichen Teile und die Durchschneidungsstellen der Weichenfahrbahn die neuralgischen Bereiche der Weiche im Modellbahnbereich. Die beweglichen Teile können sich abnutzen (z. B. kann die Federspannkraft eines Zungenantriebs nachlassen), der Durchschneidungsbereich ist stromverlaufstechnisch (im Zweileiterbetrieb) wie lauftechnisch (führungslose Lücke im Herzstück) problematisch.

2.2.3.1. Praxis: Gebrauchtes Material

Es ist eines, mit nagelneuem Material eine funktionierende Modellbahn aufzubauen. Ich will nicht sagen, dass es einfach ist, aber allemal einfacher, als mit gebrauchtem Material. Nun aber die Frage: Wieviele unserer Hobbykollegen können sich für jedes neue Projekt auch neues Material kaufen? Und will man das überhaupt?
Ich glaube, die Regel ist doch, dass man mit seiner Gleisausstattung meist viele Jahre bauen und fahren will und das auch können sollte. Ich persönlich kenne niemanden, der bei einer Umgestaltung der Gleisanlagen seiner bestehenden Anlage sein altes Gleismaterial wegwirft und dann mit neuem weiterbaut.

2.2.3.1.1. Roco-Weichen

Nehmen wir an, der Modellbahner will seine Modellbahn umbauen. Vielleicht gefällt ihm eine Situation nicht mehr oder die Perfektion hat ihn erfasst oder eine fahrtechnisch heikle Ecke harrt der Verbesserung. Dann wird er wohl versuchen das alte Gleismaterial möglichst beschädigungsfrei auszubauen und wieder zu verwenden, oder?
Dann stellt sich dem Modellbahner die Frage, wie das ausgebaute Material vor der Wiederverwendung zu restaurieren ist, benutzen wir ruhig diesen Ausdruck. Bei meinen Roco-Line-Weichen mit Bettung hat es sich im Lauf des mittlerweile 20-jährigen (!) Betriebs gezeigt, dass manche Weichenzungen plötzlich stromlos sind und drüberfah-

Stichwort gebrauchtes Gleismaterial: Beim Ausbau kann eine Weiche beschädigt werden, in der Regel ist sie von Farbe, Geländebaumaterialien oder Schmutz behaftet. Aber es kann einen auch bisweilen der Schlag treffen wie hier: Grünspan ist ein übler (isolierend wirkender und sich auch noch ausbreitender!) Zeitgenosse, den ich bislang nur von der kupfernen Gießkanne meiner Großmutter kannte. Laut Auskunft eines Herstellers kommt er zustande, wenn sich aufgetragene Farbe und das Gleis-Metall nicht vertragen haben. Er lässt sich mit Spiritus und Q-Tipps (in hartnäckigen Fällen auch mittels Schleifpapierstückchen) entfernen. Dann das Gleis leicht einölen.

Man erkennt es noch: An den Drehpunkten der Zungen hat es der Autor geschafft durch einen mit zuviel Druck ausgeführten Farb-Sprühauftrag die Stromversorgung der Zungen außer Kraft zu setzen. Blöd gelaufen, kleine Ursache, aber große Wirkung. Ärgern hilft auch nicht weiter. Wegschmeißen muss man die Weiche aber dennoch nicht.

rende Loks (auch solche mit zahlreichen Stromabnahmepunkten) stehen bleiben.
Des Rätsels Lösung: Die Zungen sind in Metalldrehpfannen gelagert, die auch die Stromversorgung der Gelenkzungen sicherstellen. Das ist an und für sich ein bombensicheres System, ist es doch kaum möglich, dass in diese Mechanik von oben Schmutz eindringen kann. Indes – wie weiter unten bei der Farbgebung von Gleisen beschrieben – habe ich es dennoch geschafft, dass dort Schmutz hineingeraten ist. Wäre die Farbe zu dünnflüssig, dann hätte es aber von Anfang nicht mehr funktioniert. Warum also zeigten sich die Weichenzungen einiger Weichen stromlos?
Nach so langer Betriebszeit gerät doch immer wieder etwas isolierend wirkenden Staub oder allgegenwärtiger Kniest zwischen Weichenzungenlagerung und Drehpfanne. Auch Veränderungen an der Metalloberfläche der Zungen spielt dabei wohl eine Rolle, leichte Oxidation ist trotz Luftentfeuchtergerät im Modellbahnraum nie auszuschließen.

2.2.3.1.1.1. Mängelabhilfe bei Roco-Weichen

Sei es wie es sei, die vertrackten Zungen sind eben stromlos. Punktum. Was kann man also tun?
Man muss für eine sichere Stromversorgung der Weichenzungen sorgen. Ach was? Und wie bitteschön? Drehen wir die Roco-Line-Weiche um, dann sehen wir, dass Kontaktbahnen aus Kupfermaterial die Schienenprofile gleicher Polarität untereinander verbinden und so die Stromversorgung jederzeit sicherstellen.

An dieser Stelle besitzen die Roco-Line-Weichen eine Aussparung, man muss also nicht Herumfräsen um von unten Drähte zwischen Backen- und Flügelschiene zu kriegen.

Was hat der Autor gemacht, dass die Weichenunterseite wie ein runzliger Bratapfel aussieht? Er hat zu lange mit dem Lötkolben (mit zu breiter Spitze) auf den Profilen herumgebrutzelt und das Kunststoffmaterial zum Schmelzen gebracht. Auf dass es dem Modellbahnkollegen nicht auch so geht: Passende Spitze, rasch arbeiten und einen Platinenrest als Isolationsmaterial zwischenschieben. Und wenn es doch passiert, ist das geschmolzene Material rasch abgeschliffen.

Kaum dem Kabel entrissen erfreut uns die Litze mir ihrem kupfernen Lächeln. Man muss nur aufpassen, dass man beim Aufschlitzen der Kabelummantelung die Litzen nicht beschädigt, denn ein solcher Schaden führt irgendwann zum Bruch der Litze und unser Umbau ist dann sinnlos.

Haben wir die alte Weiche schon mal ausgebaut, machen wir doch gleich ganze Arbeit: Zwei etwa 1 cm lange Drähte verbinden die Backen- und Flügelschienen gleicher Polarität und zwar im Weichenmittelteil, dort, wo konstruktiv eine Aussparung in den Kunststoffschwellen vorgesehen ist. Wir sichern damit die dauerhafte Stromversorgung der zwischen Herzstück und Weichenzungen liegenden Flügelschienen. Die kupferroten, blanken Drähte verschwinden nachher im Schotterbett und sind nicht mehr zu sehen.

Dann gilt es die Weichenzungen mit den Flügelschienen elektrisch zu verbinden (diese Verbindung besteht ja bereits über die Drehpfannen, aber die elektrische Funktion kann ja, wie bemerkt, nachlassen). Es reicht aus, ganz feine Drähte, die optisch nicht auffallen zu verwenden. Ich verwende dafür normales Litzenkabel, also flexibles Material. Dieses Kabel wird mit einem Bastelmesser (bitte vorsichtig, um die Drähtchen nicht zu beschädigen) aufgeschlitzt und schon liegen zahlreiche feinste Drähtchen vor einem. Man wählt natürlich ein unbeschädigtes ohne Knicke aus.

WISSENSWERTES

Draht und Litze

Beide elektrischen Verbindungsmaterialien haben eine lange Tradition beim Modellbahnbau. Beide haben ihren klar umrissenen Einsatzbereiche: Während der starre Draht überall da Verwendung findet, wo es auf die gute Stromversorgung ankommt (der Widerstand »dicker« Stromleitungen ist geringer als der dünner, daher wird Draht mit größerem Querschnitt für z. B. Fahrstromeinspeisungsstellen verwendet) und keine flexible Verbindung notwendig ist. Man kann den Draht einfacherweise um Nägelchen herumschlingen und erhält so eine übersichtliche und recht ordentliche Verkabelung. Draht, der bereits gebogen ist, kann nicht wieder aufgebogen werden, denn er bricht dann, was ihm aber durch die Isolation nicht immer anzusehen ist – die Leitung ist unterbrochen und die Fehlersuche gehört zu den nervenden Beschäftigungen mit der Modelbahn. Soll es eine flexible Verbindung sein, dann greift man zur Litze (die Flexibilität kommt durch die zahlreichen Einzeladern zustande), etwa bei klappbaren Anlagenteilen. Sie kann beliebig oft hin und hergebogen werden, allerdings gibt es sie logischerweise nicht in so zahlreichen Stärken wie den Draht.

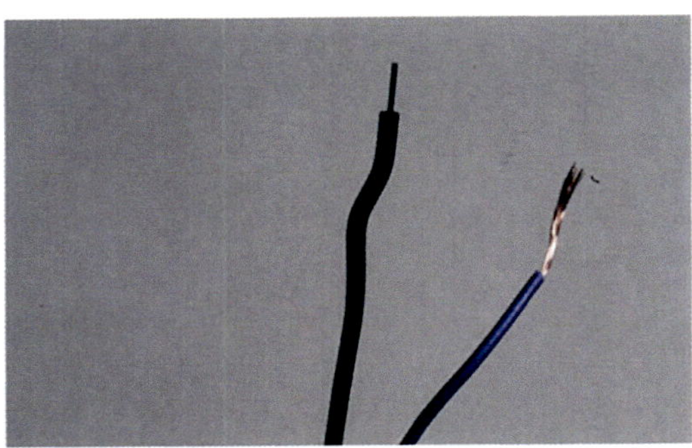

Draht und Litze sind wohl Modellbahners beste Freunde, wenn es ums Verkabeln geht, was auch sonst?

Man lötet nun je eine Litze von außen an die Flügelschienen und verbindet das andere Ende mit den Zungen (nicht von innen an die Schienen löten, durch das Lot würden wir eine Unebenheit in der Schienenflanke erzeugen, die ein darüberrollendes Fahrzeug zumindest behindern kann). Dabei wird der Lötpunkt so ausgewählt, dass er weit genug von den Drehgelenken der Zungen und auch vom Herzstück entfernt ist. Denn durch die beim Löten entstehende Hitzeentwicklung könnten die Schwellen mit ihren Kleineisennachbildungen Schaden nehmen, sich z: B. verformen. Schlimmer noch wäre es, wenn sich durch die Hitze die Drehgelenke verformten, dann kann man die Weiche wegschmeißen. Man muss aber darauf achten, dass die Lötpunkte nicht das saubere Anlegen der Weichenzungen an die Backenschienen behindern können, denn dann wäre die Fahrsicherheit weg.

Nach dieser Manipulation ist unsere Weiche betriebsicher für die nächsten Jahre. Den Draht kann man noch einfärben und so optisch fast verschwinden lassen.

Man kann den Draht auch »unsichtbar« verlegen, das ist halte etwas aufwendiger, belohnt aber durch die Optik. Zunächst werden die beiden Drähte an den Flügelschienen (an der beschriebenen Stelle) angelötet. Dann werden die beiden Drähte nach unten durchgefädelt. Man kann sie nun entweder im

Demonstrationshalber mit einem dicken Lötpunkt versehen (besser ist es natürlich aus optischen Gründen nur einen winzigen Klecks aufzulöten): Die Kupferlitze verläuft hier »ebenerdig«.

Mit einem Frässtift wird für die Litze ein »Kabelkanal« in den Schwellenrost gefräst. Man wählt dabei eine niedrigere Drehzahl um das Wegschmelzen des Kunststoffs durch zu beherztes Fräsen zu vermeiden.

Gleisbett verlegen und auf Höhe der Zungen wieder nach oben führen und anlöten. Bei einem allfälligen Austausch der Weiche können sie in der Bettung verbleiben und werden an die neue angelötet.

Man kann die Drähte auch in der Weiche verlegen: Mit einem feinen Frässtift und einem Bohrzwerg werden zwei Aussparungen entlang des Schwellenbetts geschaffen. Dort hinein werden die beiden Drähte verlegt und mit etwas Klebstoff fixiert. Auf Höhe der Zungen führt man sie wieder nach oben und lötet sie an den oben beschriebenen Stellen fest. Damit ist unsere Weiche optisch fast unsichtbar noch betriebssicherer geworden.

Es empfiehlt sich diese Manipulation bei Umbauten vorzunehmen, auch bei noch eingebauten Weichen können sie quasi vorbeugend helfen, dass es erst gar nicht zu Aussetzern kommt. Da man in diesem Fall nicht an die Weichenunterseite herankommt, um die »Hilfskäbelchen« unsichtbar zu verlegen, muss man die Drähte eben sichtbar verlegen. Auch hier würde ich an der Zunge gut 2 cm vom Drehpunkt entfernt und im Weichemittelteil etwa auf halber Strecke zum Herzstück den Draht anlöten (um wie erwähnt kein Schmelzen des Kunststoffmaterials zu riskieren). Mit etwas Farbe fällt der Draht nachher gar nicht mehr auf. Das Ergebnis ist aber eine zuverlässig die Fahrspannung leitende Zunge. Jetzt klappt's auch wieder mit dem Rangieren!

2.2.3.1.1.2. Zerlegen von Roco-Line-Weichen mit Bettung

Roco-Line-Weichen mit Bettung kann man leicht zerlegen. In der Regel wird das gemacht, wenn man die Weiche künftighin ohne Bettung weiternutzen will. Es kann ja sein, dass die Bettung nach langem Gebrauch und diversen Beschotter- oder Bemalversuchen nicht mehr den eigenen Ansprüchen genügt. Oder der Modellbahner will nun mit bettungslosem Gleis weiterarbeiten und selbst schottern.

Es macht ja keinen Sinn ein wenn auch älteres Gleis wegzuwerfen. Mit etwas Liebe kann man auch ältere Gleise wieder herrichten und sogar optisch und funktional aufpeppen.

Einfaches Zerlegen einer Roco-Line-Weiche mit Bettung: Zunächst fährt man mit einem spitzen Gegenstand oder Schraubenzieher unter den Kunststoffbügel der Antriebsabdeckung und hebt ihn an, sodass man die Abdeckung entfernen kann.

Die schwarze Kunststoffabdeckung setzt über Schnappverbindungen über dem Antrieb. Nach ihrem Entfernen lassen sich die Antriebskomponenten ausbauen. Nun muss der schwarze Kunststoff-Rost entfernt werden. Er ist über zwei Lötverbindungen (im Bild links und rechts von der Schraubenzieherklinge) mit dem Gleis verbunden.

Mit einer Entlötpumpe beseitigt man das geschmolzene Lot.

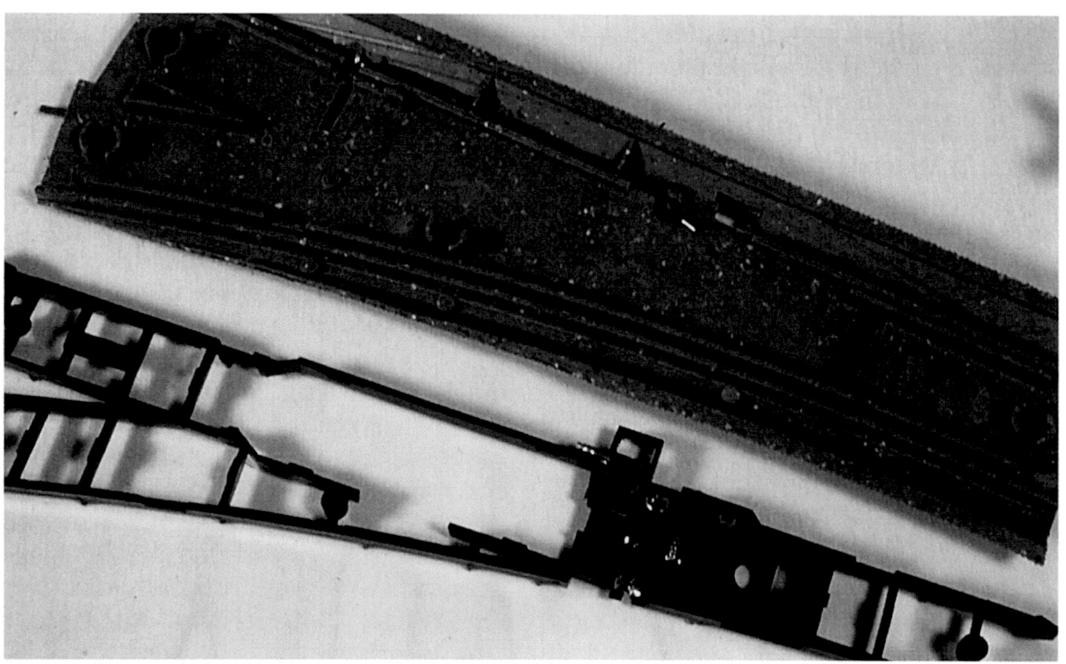

Schon kann der Rost von der Bettung getrennt werden.

Nach dem Umdrehen fällt einem das Gleis schon fast entgegen. Man muss noch eine Lötverbindung trennen und schon ist alles getrennt. Will man das Gleis jetzt künftighin ohne Bettung verwenden, muss der Steg an der Stellschwelle weggefräst oder –geschnitten werden.

2.2.3.1.1.3. Biegen von starren Weichen

Neben den Tillig-Elite-Weichen, die konstruktiv auch für das Biegen vorgesehen sind, lassen sich – in Grenzen freilich – auch starre Industrieweichen verformen. Natürlich geht das nur bei Weichensystemen ohne fest angebaute Bettung, logisch.

Unentbehrliches Hilfsmittel beim Richten leicht verzogener Weichen (kräftig verzogenen Weiche sind kaum reparabel): die Glasplatte. Man erkennt sofort, wo die Weiche eine »Delle« hat und kann durch behutsames Gegendrücken mit dem Daumen für Abhilfe sorgen.

Die Verbindungsstege zwischen den Schwellen (an der Weichenunterseite) sind vorher mit einem scharfen Bastelmesser oder einem Bohrzwerg mit Trennscheibe aufzutrennen. Dann lässt sich die Weiche behutsam und in Maßen biegen, die Gleisanschlüsse müssen mit einer Zange ausgerichtet werden. Das Verfahren bietet sich an, wenn Übergangsbögen angebracht werden sollen, oder ein Gleisanschluss nicht ganz genau passen will.

2.2.3.1.1.3.1 Gerade richten verzogener Weichen

Soweit zum beabsichtigten »Verbiegen« von Weichen. Weitaus häufiger in der Anlagenbaupraxis aber tritt ein ungewolltes Verbiegen auf: Beim Anlagenumbau oder Ausbau bereits fest verlegter Weichen kann es passieren, dass das filigrane (manch einer hat auch das rustikale Märklin-M-Gleis schon verbogen) Gleis durch zu wenig Fingerspitzengefühl (beispielsweise durch kraftvollen Einsatz eines Spachtels zum Heraushebeln des Gleisrostes) verbogen wird. Leider lässt sich solch ein Schaden nur schwer wieder beheben.

So mancher Hobbykollege sucht den Knick im Gleisverlauf durch besonders gute Befestigung des Gleises an dieser Stelle (etwa durch Schrauben) auszugleichen. Naja: Merken wird man diese Beschädigung beim Betrieb auf alle Fälle; entweder entgleist das gute Stück oder es ruckelt beim Drüberfahren, weil die Unebenheit im Gleisstrang eben die einwandfreie Fahrspannungsübertragung (respektive Masseverbindung bei Dreileitersystemen) verhindert.
Ich möchte empfehlen – auch wenn es frevelhaft klingt – beschädigtes Gleis zu entsorgen. Die innere Struktur des Gleises ist in solchen Fällen einfach zerstört und lässt sich nicht ohne weiteres wieder herstellen; das besagte feste Anschrauben um den Knick auszugleichen führt nämlich auch nur zu Verwerfungen im Gleisverlauf.

Allein bei nur wenig beschädigten Gleisen (also solche, mit hauchfeinem Knick) kann man eine »Reparatur« versuchen. Man legt die Weiche auf eine Glasplatte (die einzige wirklich ebene Fläche im Bastelkeller) und markiert die Knicke.
Anschließend nimmt man die Weiche so, dass der Knick zwischen beiden Daumen und beiden Zeigefingern zu liegen kommt. Mit behutsamem Druck der Daumen versucht man nun den Knick aus dem Gleisstrang zu drücken, während die Zeigefinger Gegendruck aufbauen. Das klappt in der Regel. Eine abschließende Kontrolle auf der Glasplatte überzeugt uns vom Erfolg des Daumendrucks.

2.2.3.1.1.4. Gleitstuhlverbesserung

Bei konventionellen Weichen wird die Weichenzunge an die Backenschienen angelegt.

Mit einem Frässtift werden die Gleitstuhlplatten-Attrappen entfernt. Man kann sie auch wegfeilen oder schleifen. Wichtig ist, dass man an die Gleitstühle auch herankommt, das geht bei den meisten Industrieweichen nur, wenn die Stellschwelle entfernt wird (ein Umbau auf richtige Stellstangen folgt weiter unten).

Gerade werden selbst geschnittene Gleitstühle aus Feinblech aufgebracht.

Auf ihrem Weg »rutscht« sie über sogenannte Gleitstühle. Das sind erhöht angebrachte Metallplatten, über die sich die Zunge hin- und herbewegen kann.
Auch im Modell, bei dem die Gleitstühle aus Kunststoff bestehen, kann eine Verbesserung der Zungenbeweglichkeit erzielt werden, indem Metall-Gleitstühle eingebaut werden. Sie sorgen für optimale Gleitbedingungen, gerade wenn es schon eine ältere Weiche mit unzähligen Umlegvorgängen ist. Es gibt Metall-Gleitplatten z. B. bei der Hobby-Ecke-Schuhmacher. Man kann die Plättchen einfach auf die Kunststoff-Gleitplatten kleben. Das funktioniert dann aber nur, wenn die Weichenzungen um die Materialstärke der Metall-Gleitplatten geschwächt werden. Das geht nur beim Austausch der Zungen, fest eingebaute Zungen lassen sich von unten nicht bearbeiten.
Daher bietet sich ein anderes Vorgehen an: Mit einem Frässtift und Bohrzwerg werden die Kunststoff-Gleitplatten entfernt. Es empfiehlt sich dabei eine geringe Drehzahl, damit das Kunststoffmaterial nicht schmilzt, sondern sauber abgetragen werden kann. Ggf. hilft eine feine Feile bei der Entfernung der Plattenimitationen nach. Dann können schon die neuen Metall-Platten aufgeklebt werden. Vorteil: Man spart sich Manipulationen an den Weichenzungen.
Natürlich lassen sich die Gleitplatten auch leicht selber herstellen, beispielsweise aus 0,5 mm dickem Feinblech oder Alu-Material, aus dem sie ausgesägt werden. Anschließend entfernt an alle Grate und bricht die Kanten mit einer feinen Feile.
Abraten möchte ich vom nachträglichen Fetten der Gleitplatten, das wäre dann doch der Vorbildnähe zu viel. Wo der (frühere) Streckengänger noch satt Fett aufgepinselt hat, erzeugen wir auf unseren Klein-Weichen eher eine Schmierage-Quelle, die, mit allerlei Staub und Kniest vermischt, irgendwann doch an einem Radsatz klebt und für isolierendes Ungemach sorgen wird.

2.2.3.1.1.4.1. Radlenker

WISSENSWERTES

Radlenker

Im Bereich des Herzstücks rollen die Radsätze über eine Lücke in der Schiene (eine Ausnahme stellen bewegliche Herzstücke dar). Aufgrund dieser Lücke hat das Rad an dieser Stelle keine sogenannte Seitenführung mehr. Zwar liegt der Radsatz auf Herzstück und Flügelschiene auf, dennoch kann das gegenüberliegende Rad seine Spur verlassen. Daher benötigt der Radsatz eine gesonderte Führung. Bei unseren Weichen übernimmt ein sogenannter Radlenker diese Aufgabe. Links und rechts des Herzstücks sind je ein Radlenker angebracht. Er verhindert, dass das Rad beim Befahren der Lücke entgleisen kann, indem er das Rad zur Spurhaltung zwingt.

Im Sinne eines dauerhaft zuverlässigen Betriebs lohnt es sich die Kunststoff-Radlenker mancher Weichen gegen solche aus Metall auszutauschen.

Das Märklin C-Gleis gilt als zuverlässig, dennoch entgleisen Fremdfabrikate in erster Linie auf den Weichen. Bei genauerer Betrachtung ist festzustellen, dass das Fahrzeug einfach nicht dem vorgesehen Fahrweg auf der Weiche folgt und über das Herzstück hoppelt und entgleist. Nachdem die Überprüfung der

Eine Roco-Line-Weiche mit Kunststoff-Radlenker. Im Prinzip ist er so funktionell wie ein Metall-Radlenker, es ist aber schon vorgekommen, dass ein solcher Radlenker Schaden genommen hat, etwa beim Biegen (wenn auch sehr selten).

Wie beim beschriebenen Umbau einer C-Gleis-Weiche kann auch eine Roco-Line-Weiche einfach mit einem Metallstreifen aufgewertet werden: Er wird mit etwas Sekundenkleber nach dem bündigen Anpassen des Blechs fixiert.

Hier ein Metall-Radlenker einer Roco-Line-Weiche

korrekten Spur keine Abhilfe gebracht hat (die Ausrüstung der Fahrzeuge mit Wechselstromachsen setzen wir voraus), bleibt nur noch die Bearbeitung der C-Weiche, genauer der Radlenker, übrig.
Beim C-Gleis sind die Radlenker sämtlich als Attrappen ausgeführt und bestehen aus Kunststoff. Darüber hinaus haben sie keinerlei Funktion, denn sie sind in zu großem Abstand zu den Backenschienen angebracht.
Ziel des Umbaus ist es mit einem kleinen Stück Metall (z. B. einfaches Blech) den Abstand zwischen Backenschiene und Radlenker zu verringern. Damit wird der Radsatz enger geführt und es wird verhindert, dass ein Rad am Herzstück aus den Gleisen springt.
Für Märklin-C-Gleise nimmt man 0,5-mm-Kupferblech und schneidet es in dünne Streifen. Es wird passend zum Radlenker gebogen und an den Kanten befeilt, um die scharfen Kanten zu brechen. Dann klebt man es mit Sekundenkleber an die Radlenker. Man kann den nun funktionstüchtigen Radlenker noch mit etwas Farbe tarnen.

2.2.3.1.1.5. Fahrtechnische Schwachstellen des Märklin K-Gleises

Vor allem kleinere Lokomotiven neigen bei Langsamfahrt auf der K-Gleis Kreuzung

WISSENSWERTES

Massekontakt

Die Kreuzung ist so konfiguriert, dass die Zwischenschienen und Herzstücke elektrisch neutral, also potenzialfrei sind. Die übrigen Schienen sind stets Masse führend.

Am einfachsten wäre es nun, diese sogenannten Zwischenschienen im Kreuzungsinneren mit Masse zu verbinden. Lokomotiven mit langen Schleifern fahren problemlos darüber, diese benötigen die Masseführung ja aber gar nicht. Lassen wir eine der kleinen Loks mit kurzem Schleifer drüberfahren, stellt sich sofort ein Kurzschluss ein, weil der kurze Schleifer auf die masseführenden Schienen kippt. Das ist also keine Lösung.

Funktionaler wäre es, wenn man die Zwischenschienen in Abhängigkeit von der Fahrtrichtung einmal mit Massepotenzial versorgen und einmal potenziallos schalten könnte. Zur Umschaltung bietet sich ein Relais an.

Da eine Kreuzung (im Gegensatz zu einer Doppelkreuzungsweiche) nur zwei Fahrtwege ermöglicht, wird die Konfiguration stark vereinfacht. Es genügt, die jeweils schräg einander gegenüberliegenden Zwischenschienen zusammen mit Spannung zu versorgen.

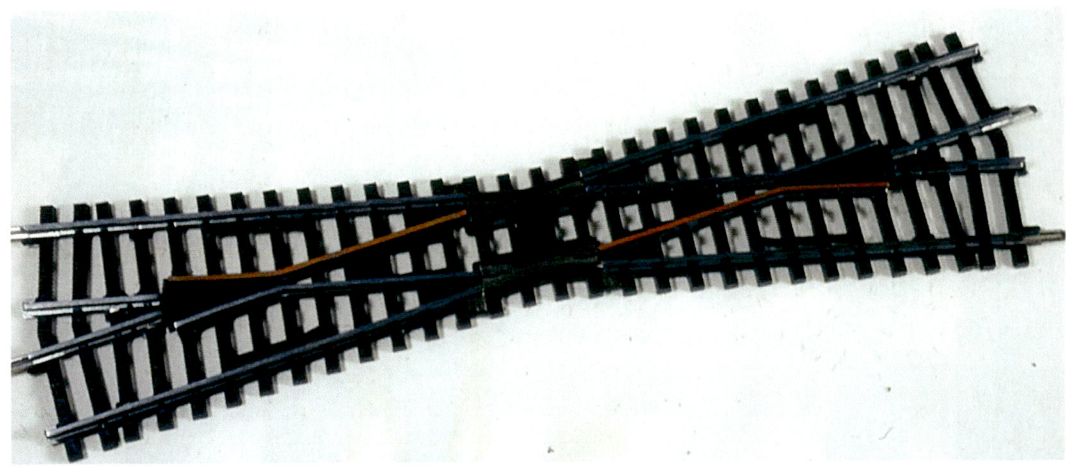

Die im Bild orange eingefärbten Zwischenschienen (sie liegen einander stets gegenüber) werden separat über ein Relais mit Spannung versorgt. Je nach Fahrtrichtung eines Zugs erhält dann das eine oder das andere Paar Spannung.

(Artikelnummer 2257) zum Stehenbleiben, und dass obwohl dieses System als weniger schmutzempfindlich gilt als Zweileitersysteme. Die Stromabnahme über Schleifer ist sehr sicher. Da das Phänomen stehen bleibender kleiner Loks auch nach einer gründlichen Reinigung vorhanden ist, kann Verschmutzung ausgeschlossen werden. Tests mit einem Durchgangsprüfer ergeben einen einwandfreien Spannungsfluss. Das Problem muss also woanders liegen (wir gehen stillschweigend davon aus, dass die Lokomotive technisch in Ordnung ist).

Das Problem dieser Kreuzung, die schon zahlreiche meiner Hobbykollegen frustriert hat, ist ihre Konfiguration: Das heißt, der Massekontakt ist nicht überall gewährleistet.

Problematisch ist das Anbringen eines Kabels am K-Gleis. Bekanntlich kann das Profil nicht gelötet werden. Als praktikabel hat es sich erwiesen einen Draht anzuklemmen. Es genügt einen etwa 0,7 mm starken Kupferdraht L-förmig zu biegen. Er wird wie im Bild gezeigt umgebogen und unter die Schienen geschoben. Dann wird eine Litze angelötet und die Kabel mit dem Relais verbunden.

In der Praxis hat sich gezeigt, dass diese Lösung funktioniert, der Draht sitzt stramm und kontaktsicher unter dem Schienenprofil. Aber diese Lösung eignet sich aber nur für stationäre Anlagen mit fest verlegtem Gleis, für die fliegende Verlegung ist sie ungeeignet.

Das unlötbare K-Gleis wird wie im Bild zu sehen »entschärft«: Ein Draht wird zur Spannungsversorgung der Zwischenschiene der K-Gleis-Kreuzung eingeklemmt. Das genügt zur sicheren Versorgung.

2.2.3.1.1.5.1. Märklin-K-Gleis-Doppelkreuzungsweiche

Wie bei der Kreuzung bietet sich, ausgehend von der positiven Erfahrung mit der Polarisation, auch die Manipulation der DKW (Artikel 2275) an. Sie ist fahrtechnisch noch weitaus problematischer als die Kreuzung, kleine Loks bleiben, wie man mir bestätigt hat, noch häufiger wegen offensichtlicher Masseprobleme stehen. Das Phänomen tritt dabei bei Bogenfahrt häufiger auf als bei Geradeausfahrt auf der DKW.

Auf einer Skizze vergegenwärtigt man sich nun die möglichen Fahrwege einer DKW. Es sind insgesamt vier verschiedene Möglichkeiten.

Die Lösung für die fahrtechnischen Probleme liegt nun darin für eine Masse-, aber auch Fahrstromversorgung der Zwischenscheinen und Weichenzungen zu sorgen. Wechselweise erhalten die Zwischenschienen und Weichenzungen in Abhängigkeit von der Fahrtrichtung Masse oder Fahrstrom, die Zwischenschienen und Weichenzungen fungieren also je nach Fahrtrichtung einmal als Massekontakt, einmal als »Punktkontakt«. Wenn der Schleifer keinen Punktkontakt mehr berührt und stattdessen Kontakt mit einer Schiene oder Weichenzunge erhält, dann erhält er von dieser Fahrspannung.

Jede Zwischenschiene ist mit der anliegenden Weichenzunge elektrisch verbunden. Wieder wird ein 0,7-mm-Draht L-förmig gebogen und unter die Schienen geschoben, also insgesamt vier Drähte. Die korrekte Massebeschaltung in Abhängigkeit zur Zungenstellung bzw. Einstellung des Fahrweges zeigen die vier Skizzen.

Die Grafik erläutert die möglichen Fahrwege und die Beschaltung der Schienenbereiche. Tatsächlich haben kleinere Lokomotiven nun keine Kontaktprobleme mehr und auch Lokomotiven, die nicht von Märklin stammen, zeigen mit ihren kurzen Schleifern ruckfreie Fahreigenschaften.

2.2.3.1.1.6. Betriebssichere Fleischmann-Profigleis-Weichen

Bei älteren Fleischmann-Profigleis-Weichen aus der Vor-Digital-Zeit kommt es vor, dass eine Lok (auch Maschinen mit mehreren Stromabnahmepunkten, also nicht nur eine Köf) auf der Weiche stehenbleibt. Drückt man dann die Weichenzunge an die Backenschiene, fährt die Maschine wieder an.

Bei diesem Befund, dass die Weichenzunge nur dann Spannung führt, wenn sie an die Backenschiene gedrückt wird, ist auf eine verschlissene Zungenführung zu schließen. Das kann man nicht reparieren. Doch ein Versuch ist es wert: Man lötet je einen Draht (vgl. Vorgehen bei der Roco-Weiche) ausgehend von der rechten Backenschiene zu zugehörigen Flügelschiene und von der linken Backenschiene zur zugehörigen Flügelschiene. Wie gesagt: Das ist ein Versuch, es hat schon einige Male geholfen, aber eben leider nicht immer.

Eine andere Möglichkeit, den obigen Befund zu erklären, besteht darin, dass die Kontaktbrücken zwischen Flügel- und Backenschienen fehlen oder schadhaft sind, also nicht mehr richtig anliegen und die Stromversorgung der Flügelschienen/Weichenzungen dadurch mangelhaft ist oder gar völlig unterbleibt (eigentlich dienen die Kontaktbrücken dazu, bei der Herausnahme sogenannte Stopp-Weichen zu erhalten, mit denen Fahrwege stromlos geschaltet werden können). Mit bloßem Auge ist eine nicht funktionierende Kontaktbrücke kaum zu erkennen.

Gerade bei älteren Fleischmann-Profi-Weichen empfiehlt es sich die Kontaktbrücken herauszunehmen (z. B. mit einer Pinzette), sie nachzubiegen (als etwas aufzuweiten) und dann wieder einzusetzen.

Leider lassen sich Fleischmann-Profigleis-Weichen nicht polarisieren, da das Herzstück aus Kunststoff besteht. Die in das Herzstück eingelassenen Metallstreifen haben die Aufgabe, die Fahrspannungslücke im Herzstück zu verkleinern. Über die Spurkränze nehmen die darüberrollenden Fahrzeuge dann Span-

Die Drahtbrücken einer Fleischmann-Profi-Gleis-Weiche. Mit einer kleinen Zange lassen sie sich nach einiger Betriebszeit leicht aufbiegen.

nung auf. Doch das funktioniert leider nur, wenn die Spurkränze der Fahrzeuge hoch genug sind, damit sie diese leitenden Streifen auch erreichen. Beim Einsatz von RP25-Rädern, um ein Beispiel zu nennen, sind die Metalleinlagen völlig nutzlos.

Polarisierung

WISSENSWERTES

Die beiden Flügelschienen kreuzen sich im Herzstück. Im Zweileitersystem besitzen diese beiden Schienen stets unterschiedliches Potenzial. Aus diesem Grund dürfen sie sich nie berühren, ein Kurzschluss wäre die Folge. Deshalb ist ein Weichenherzstück im Zweileiterbetrieb grundsätzlich zu isolieren, wie es bei Industriematerial der Fall ist. Einfache Ausführungen besitzen Kunststoffherzstücke, andere Modelle besitzen nachträglich polarisierbare Metall-Herzstücke. Rollt eine Maschine mit kurzem Radstand über ein isoliertes Herzstück, bleibt sie zumeist stehen, weil den Rädern die Spannung fehlt.

Bei der nachträglichen Polarisierung (entweder durch einen Zurüstsatz oder es ist konstruktiv bereits vorgesehen, etwa durch Einschieben von Kabeln) wird das Herzstück an den Weichenantrieb angeschlossen (wenn der dafür geeignet ist) und erhält dann stets die je nach Weichenstellung korrekte Spannungspolarität. Solche polarisierten Herzstücke dürfen nicht mehr aufgeschnitten werden, also von der Herzstückseite her befahren werden, wenn die Weiche nicht in die korrekte Richtung gestellt worden ist.

2.2.3.1.1.6.1. Ärger im Digitalbetrieb

Ältere Fleischmann-Profigleis-Weichen machen bisweilen im Digital-Betrieb Kummer: Manche Lokomotiven, z. B. die 151 oder 103 von Fleischmann erzeugt im Digital-Betrieb auf dem Abzweig einen Kurzschluss. Meist gibt es nur einen Ruck und die Maschine fährt weiter, bei Langsamfahrt aber schaltet die Digital-Zentrale in der Regel ab und man muss die Lok per Hand aus der »Gefahrenzone« bugsieren.

Dieses Phänomen kann ich nur auf älteren Weichen aus der Vor-Digitalzeit feststellen, auf Weichen neueren Produktionsdatums, so ab 1994, ist es bislang nicht vorgekommen. Fleischmann hat seine Weichen im Hinblick auf die digitale Steuerung modellgepflegt. Deshalb kann es sein, dass es nur auf älteren Weichen zu diesem Phänomen kommt.

Bislang ist mir eine »Reparatur« nur dadurch gelungen, dass ich die Kontaktbrücken entfernt habe – leider erhält man dadurch Stopp-Weichen (was zu verschmerzen ist). Wenn sich nach der Herausnahme der Brücken aber eine Verschlechterung der Spannungsversorgung der Flügelschienen und Zungen einstellt (siehe oben), hilft wohl nur die Weichen auszutauschen.

2.2.3.1.1.7. Kurzschluss bei Tillig-Elite-Weichen

Lokomotiven mit Drehgestellen und kurzem Drehgestellachsstand verursachen auf den früheren Tillig-Elite-Weichen öfters einen Kurzschluss. Das liegt an der elektrischen Konfiguration dieses Weichensystems. Denn die Außenschienen und die Zungenschienen, die sich in engem Abstand zu den Außenschienen liegen, haben unterschiedliches Potenzial.

Fährt nun eine Lokomotive mit dem erwähnten engen Drehgestellachsstand über eine solche Weiche, kann es durch Schlingerbewegungen zu einem Kurzschluss über die Radsätze kommen, die Außen- und Zungenschiene verbinden. Das liegt in erster Linie an der auch heute bei nicht allen Fahrzeugen eingehaltenen Normen im Fahrgestellbereich, aber was hilft diese Erkenntnis.

Wie ist Abhilfe zu schaffen? Ein niederländischer Modellbahner hat mir im vergangenen Urlaub folgenden Tipp gegeben: Er hat mit den Elite-Weichen genau das geschilderte Problem, das Besitzer von Fahrzeugen mit festem Achsstand nicht kennen. Er hat sich einfach dadurch beholfen, dass er die Zungenschienen kurz vor dem Herzstück mit der Laubsäge durchtrennt hat. Die nun isolierten Zungen hat er mittels Drahtbrücken und Schalter polarisiert.

3. Um- und Selbstbau

In diesem Kapitel geht es um den Um- und/oder Selbstbau von Gleisen. Nach dem Abwägen der Gründe für einen Gleis-Selbstbau aus Bausätzen oder aus Einzelteilen geht es schon ans Werk.

Das heutige Angebot an Industriefertiggleisen ist sehr groß. Nichtsdestoweniger hat der Gleisselbstbau nach wie vor seine Berechtigung. Denn nach wie vor sprechen eine Reihe von Gründen dafür:

- Mit einem Selbstbaugleis sollte in der Modellbahnsteinzeit eine Alternative zu den damals (teilweise auch heute noch) viel zu hohen Schienenprofilen aufgezeigt werden.
- Ein Selbstbaugleis bietet die Möglichkeit ein epochengerechtes Gleisbild zu schaffen. Das bezieht sich in erster Linie auf die Schienenprofilhöhe (die beim Vorbild im Lauf der Zeit zugenommen hat) und den Schwellenabstand (der im Lauf der Zeit vergrößert worden ist). Es bietet sich somit die Möglichkeit auch in ein- und demselben Bahnhof durchaus vorbildgerecht (etwa das zierlichere S-49-Profil auf Nebengleisen, auf Hauptgleisen aber das robustere UIC-60-Profil – beides freilich in modellgerechter Umsetzung, logisch) unterschiedliche Profilhöhen einzubauen.
- Auch die bei Selbstbaugleis erreichbare hohe Betriebs- und Funktionssicherheit spricht für seinen Einsatz.
- Gerade Weichen und Kreuzungen ermöglichen, als Selbstbaugleis ausgeführt, eine sehr hohe Zahl an flexibler Gestaltungsmöglichkeiten, z. B. im Hinblick auf Abzweigwinkel. Ein solches Gleisbild verwöhnt den Modellbahner durch höchst abwechslungsreiche Gleisbildgestaltung. Selbstbaugleise ermöglichen also »Sonderwinkel«.
- Selbstbaugleise bieten ein Höchstmaß an Flexibilität, auch an Anpassungsfähigkeit im Hinblick auf evt. bizarr geformte Anlagenecken. Mit einem solchen individuell gestalteten Gleis lässt sich das Gleisbild an die eigenen Platzverhältnisse optimal anpassen, es ist also in problematischen Situationen einsetzbar, die mit Industriegleis nicht zu lösen sind.
- Im Hinblick auf die Optik ist eine sehr hohe Detaillierung möglich, etwa bei den ausgefransten Enden der Schwellen.
- Auch wenn es der eine oder andere nicht glauben mag: Der Betrieb auf Selbstbaugleisen erfordert nicht zwangsläufig ein Abdrehen aller Radsätze der für den Einsatz vorgesehenen Fahrzeuge. Auf den Selbstgleisen Code 83 (Baugröße H0) bzw. Code 70 (Baugrößen TT und N) laufen alle NEM-Radsätze

WISSENSWERTES – Selbstbaugleis

Unter Selbstbaugleis ist zum einen das in Bausatzform angebotene Gleis von z. B. der Firmen Tillig oder Schumacher zu verstehen. Unter Selbstbaugleis verstehen wir aber auch ein Gleis in des Wortes engerer Bedeutung, also ein unter Verwendung von Industriegleisprofilen, aber unter weitgehendem Verzicht weiterer vorgefertigter Bauteile selbst gebautes.

3.1. Bausatzweiche

Seit Jahren bieten verschiedene Hersteller Weichen- und Gleisbausätze an. Die Arbeitsschritte sind im Wesentlichen dieselben, sodass hier ein Bausatz aus dem großen Sortiment der Hobby Ecke vorgestellt wird. In diesem Fall handelt es sich um eine Einfache Weiche (Code 83, also 2,1 mm Profilhöhe, 9,5° Weichenwinkel) Im Bausatz finden sich die fix und fertig zusammengelöteten Weichenprofile, gebeizte Schwellen, Nägelchen, Pappelsperrholz, Schablonen und Spurlehren.

3.1.1. Werkzeug

Der Selbstbau einer Bausatz-Weiche oder eines einfachen Gleises ist nicht so schwierig, wie es auf den ersten Blick aussehen mag. Auch ein »Normalbastler« kann das leisten, wenn er sich um Sorgfalt und Genauigkeit bemüht und vor allem mit Geduld arbeitet. Denn eines ist klar: Mal schnell vor dem Abendessen einen Meter Gleis zusammennageln ist nicht der richtige Weg. Holpernde Fahrzeuge wegen eines »Kraut-und-Rüben-Fahrwegs« werden die Folge sein.

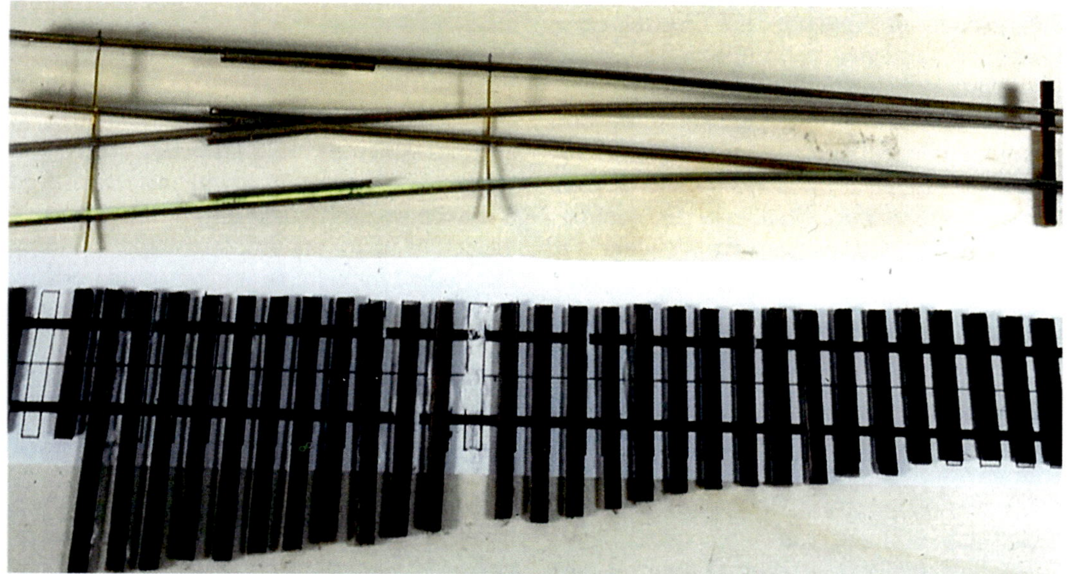

Ein Weichenbausatz aus der »Schnupperpackung« der Hobby Ecke Schuhmacher. Das ist das richtige für einen Hobbykollegen, der die ersten Schritte auf dem Gebiet des Selbstbaus unternehmen will oder einfach rauskriegen will, ob er so etwas hinkriegt und ob es ihm auch gefällt.

Ehe man sich an die Arbeit macht, überprüft man folgende Werkzeuge und Klebemittel »auf Anwesenheit«, es handelt sich um Utensilien, die im normalen Haushalt vorhanden sein dürften:

- Holzbohrer in diversen Durchmessern;
- Bohrmaschine (es genügt eine konventionelle, sehr gut geeignet ist natürlich ein Bohrzwerg wie z. B. »Dremel« oder Ähnliches);
- Laubsäge mit feinen Sägeblättern für Holz und Metall;
- Feine Holzraspel oder geeignete Feile;
- Bastelmesser (es geht auch mit Cutter oder Skalpell);
- Flachzange zum Eindrücken der Nägelchen;
- Klebstoffe, die hohe Festigkeit garantieren wie Pattex Compact (tropffrei, es geht aber auch mit konventionellem Pattex-Kleber, der etwas mehr herumtropft) oder Holzleim mit kurzer Abbindezeit (»Ponal Express«).

Weiteres Werkzeug ist nicht nötig, freilich schadet es nicht eine Schublade voller Extras vorzuhalten.

3.1.1.2. Planung

Voraussetzung gelungener Arbeit ist stets genaue Planung, logisch (Tipps dazu gibt es zum Beispiel im Transpress-Buch Profi-Tipps für die Modellbahn-Planung, Stuttgart 2009). In der hier vorgestellten Schnupperpackung sind nur Gleisschablonen für gerade Gleise enthalten. Behelfsweise kann man daraus »Flexgleisschablonen« herstellen, indem man die Papierschablone im Zwischenraum zwischen den Schwellen von der Seite her aufschneidet; damit ist die Schablone in Grenzen auch als Flexgleisschablone verwendbar. Passende Papierschablonen sind bei den Herstellern von Gleisbausätzen erhältlich.

3.1.1.3. Erstellen von Schablonen

Hie und da war schon von sogenannten Gleis- und Weichenschablonen die Rede. Dabei handelt es sich um eine Zeichnung des betreffenden Gleises/der betreffenden Weiche, die die wichtigsten Teile des Gleises/der Weiche eins zu eins abbildet. Man benötigt solche Vorlagen zum Selbstbau von Gleisen und Weichen. Es gibt solche

Schablonen im Angebot der Gleisbausatzhersteller (Adressen siehe Anhang).
Man kann sich solche Schablonen aber auch selbst anfertigen. Am einfachsten geht das, wenn man Zugriff auf einen A3-Kopierer hat. Wer solch ein Gerät nicht selbst besitzt, geht in einen Copy-Shop. Man legt die nachzubauenden Gleiselemente oder Weichen auf den Kopierer und erhält eine-zu-eins-Kopien, mit denen sich schon mal gut arbeiten lässt.
Die Kopien bilden die Gleise als schwarze Umrisse ab und lassen je nach Voreinstellung oder Leistungsfähigkeit des Kopierers die eine oder andere Unschärfe erkennen, was aber für unsere Zwecke unerheblich ist. Wem aber konturenscharfe Vorlagen und vor allem eine Abbildung mit klar erkennbaren Schwellen wichtig ist, dem kann z. B. ein Gleisplanungsprogramm wie WinRail weiterhelfen. Es kann Gleiselemente vieler Gleissysteme im Maßstab 1:1 ausdrucken.
Kurz zur Vorgehensweise: Mit Zirkel, Lineal und Winkelmesser werden Gleisschablonen im Maßstab 1:1 angefertigt und ggf. ausgeschnitten; im Anschluss sind sie auf Maßhaltigkeit zu überprüfen. Dann werden sie der Gleisplanung folgend aneinandergelegt.

3.1.1.4. Weichenbau

Dem Anfänger ist der Bau einer Einfachen Weiche (EW) zu empfehlen. Diese ist nicht so kompliziert aufgebaut (womit nicht gesagt werden soll, dass man auch mit einer Dreiwegweiche beginnen kann) und man lernt die Arbeitsschritte und Handgriffe an einem garantiert gelingenden Baumuster.
Die Selbstbauweichen entstehen am besten und bequemsten am Arbeitstisch. Die entstehende Weiche ist so am einfachsten handhabbar und in jede gewünschte Richtung zu drehen, um weiterte Handgriffe auszuführen.
Die Weiche wird am besten auf Pappelsperrholz aufgebaut, in dem die Gleisnägelchen guten Halt haben. Dieser Halt ist Voraussetzung für den Betrieb, denn diese Weiche wird vorbildgerecht durch Verstellen der ganzen Weichenzungen (also ohne Gelenke) umgelegt. Die dabei entstehenden Druck- und Zugkräfte werden über die Nägel im Holz aufgefangen.
Zunächst klebt man die dem Bausatz beiliegende Papierschablone für die Schwellenlage auf das Pappelsperrholz. Anschließend sägt man das Pappelsperrholz den Erforder-

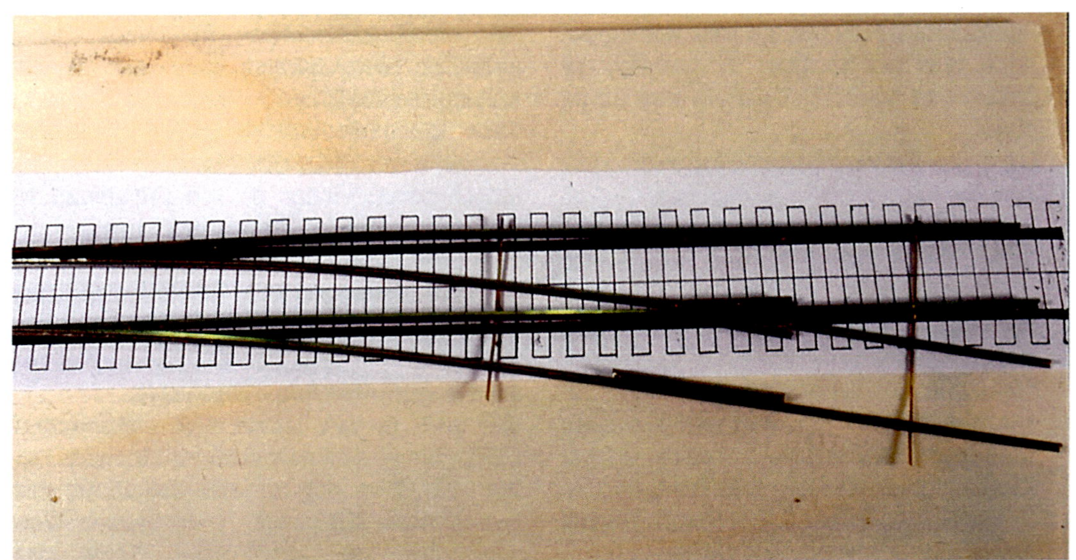

Die Bausatzweiche liegt hier auf der der Schnupperpackung beiliegenden Schablone. Diese ist für das metergleis gedacht, lässt sich aber auch für die Weiche benutzen, da die Schwellenteilung sich quasi von selbst ergibt.

nissen entsprechend zu. Dem Bausatz liegt eine Korkböschung bei um die für H0 empfohlene Bettungshöhe von 6 mm zu erreichen. Den Kork klebt man mit Pattex unter das Sperrholz (vgl. hierzu die Ausführungen zur Bettung weiter oben, als Unterlage ist, wie dort zu lesen, auch Hartschaum denkbar).

Nun kann das werkseitig vorgespurte Gleisprofil aufgelegt werden. Die Gleise sind mittels sogenannter Spurdrähte im korrekten Abstand verbunden (festgelötet). Man muss nun auf dem Unterbau jene Stellen markieren, an denen Spurdrähte genau auf Schwellen zu liegen kommen würden.

Dann wendet man sich der Stellschwelle zu. Ihr Platz wird ebenfalls markiert. Mit der Laubsäge (Loch bohren, Laubsägeblatt durchstecken und dann in Laubsägebügel einspannen) wird nun ein Langloch für den Stelldraht in den Unterbau gesägt (Maße ca. 10 x 3 mm).

Nun klebt man an allen nicht markierten Stellen die beiliegenden gebeizten Holzschwellen mit »Ponal Express« (ggf. anderem schnell abbindenden Holzleim) aufgeklebt. An den Stellen, an denen Spurdrähte die Gleise verbinden, lässt man die Schwellen noch weg (sie kommen erst ganz zum Schluss an ihre Position, einstweilen halten die Spurdrähte die Gleisprofile in ihrer festgelegten Position).

3.1.1.5. Beizen

Die Oberflächenbehandlung von Holz (und anderer Materialien) zur Imprägnierung und Färbung wird als Beizen bezeichnet. In unserem Fall sieht das gebeizte Schwellenmaterial durch die damit erreichte Betonung der Holzmaserung und farblicher Nuancierung vorbildgetreuer aus als unbehandeltes, für die Haltbarmachung auf der Modellbahn muss Holz natürlich nicht gebeizt werden. Gebeizt wird im Modellbahnbereich in der Regel mit flüssigen oder pulverförmigen Beizen (Farbpigmente mit geeigneter Lösung). Diese ziehen in das Holz ein. Dies geschieht in den weichen Bestandteilen des Holzes in intensiverer Weise als in harte Bestandteile. Dadurch entsteht die gewünschte Farbnuancierung, obgleich die Maserung als (für unsere Zwecke vernachlässigbar) Negativ abgebildet wird.

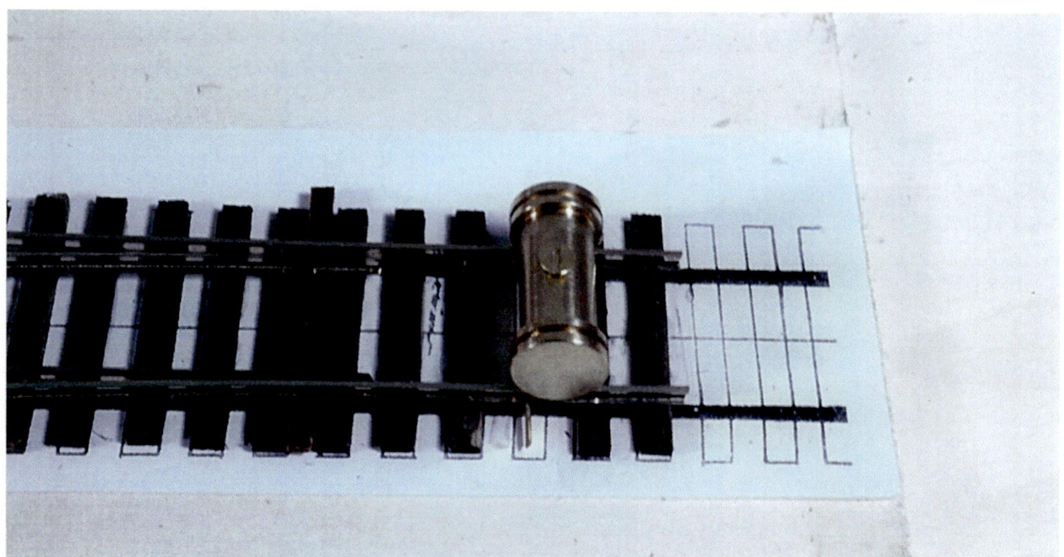

Bausatzweiche mit aufgeschraubter Spurlehre. Unter der Spurlehre ist der Spurdraht, der den korrekten Abstand der Gleisprofile sichert, zu sehen. Hier ist Platz für eine Schwelle zu lassen, die erst gegen Ende der Bauarbeiten nach dem Auslöten des Spurdrahts eingeschoben und fixiert wird.

3.1.1.6. Nageln der Profile

Nun kommt die eigentliche Arbeit: das Aufnageln der Gleisprofile. Zunächst richtet man die Weiche der Schwellenlage entsprechend aus. Dann wird die Weiche mittels den beiden der Packung beiliegenden Spurlehren (insgesamt liegen drei Stück bei) am jeweiligen Ende des geraden Strangs festgeschraubt.

Es empfiehlt sich mit dem Nageln stets mit der geraden Backenschiene anzufangen. Apropos nageln: Hier wird mitnichten mit dem Hämmerchen zu Werke gegangen, sondern die Nägelchen (sie besitzen oben abgewinkelte Köpfe) werden am besten mit einer Flachzange eingedrückt. Die dritte der Packung beiliegende Spurlehre »wandert« sozusagen mit, sie fixiert immer bei den gerade einzudrückenden Nägeln die Gleisprofile.

Beim Eindrücken haben sich zwei Arbeitsweisen bewährt: Die »ältere Schule« empfiehlt das Eindrücken der Nägel mit der Flachzange von oben, die Vorderkante der Backen der Zange dienen dabei sozusagen als »Druckplatte«. Die »jüngere Schule« empfiehlt hingegen, die Zange abgewinkelt zu halten und den Nagel einzudrücken. Am besten ist es, wenn jeder die für ihn günstigste Arbeitsweise ausprobiert.

Hat man das gerade Gleisprofil festgenagelt, wird das Herzstück nach eingehendem Messen (am besten mit einer NMRA-Spurlehre) festgenagelt.

Nun kommt das Parallelprofil an die Reihe. Man stellt dabei erst den durchgehenden Weichenstrang fertig, ehe man sich an den Abzweig macht. Es empfiehlt sich wirklich auf jeder Schwelle einen Nagel zu setzen, die Druck- und Zugkräfte, die beim Weichenstellen auftreten, können ansonsten mit der Zeit die nachlässig oder zu sparsam genagelten Profile lockern. Und stets einmal mehr zu messen ist besser als einmal zu wenig.

Auch das Spurmaß der Weichenzungen muss unbedingt eingehalten werden. Die Weichenzungen dürfen – um deren Verstellbarkeit zu gewährleisten – nicht zu weit zur Zungenspitze hin festgenagelt werden. In der Praxis hat es sich bewährt, die Weichenzungen (von der Herzstückspitze aus betrachtet) auf maximal neun Schwellen (die Doppelschwelle hinter dem Herzstück wird dabei als eine Schwelle gezählt) festzunageln, bitte nicht mehr, die Beweglichkeit leidet sonst.

In der »letzten Schwelle« steckt der erste Nagel, die Flachzange zum Eindrücken liegt auch schon bereit. Auch wenn man es nicht glauben mag. Das Eindrücken geht leichter vonstatten als man skeptischerweise zunächst glauben mag.

Der Nagel sitzt und fixiert das Gleisprofil an Ort und Stelle. Zum Nageln einer Weiche habe ich etwa 30 Minuten benötigt. Geübtere schaffen es wahrscheinlich in kürzerer Zeit, aber das ist beim Selbermachen nicht das eigentliche Ziel...

Sind diese Arbeiten erledigt, ist die Weiche eigentlich so gut wie fertig. In diesem Zustand würde sie im Gleichstrombetrieb aber unweigerlich einen Kurzschluss erzeugen, sind die beiden Gleisprofile doch im Herzstückbereich nicht voneinander isoliert. Daher müssen noch zwei Trennschnitte eingebracht werden um die Weichenzungenprofile elektrisch voneinander zu trennen.

Die beiden Trennschnitte werden auf etwa einem Drittel des Wegs vom Herzstück zur Zungenspitze eingebracht. Man bohrt direkt neben den Profilen zwei kleine Löcher in das Pappelsperrholz, steckt den Laubsägebogen durch und sägt das eine und nach dem Umstecken auch das andere Profil durch.

3.1.1.7. Sägen von Gleisprofilen

Mit der Laubsäge lässt sich ein Gleisprofil leicht durchtrennen, wenn man das richtige Sägeblatt verwendet. Jeder weiß, dass ein Sägeblatt mit groben Zähnen das Metall eher anreißt als sägt, ja sogar hängen bleibt; exakte Arbeit ist damit nicht zu leisten. Für das Ablängen oder Durchtrennen von Gleisprofilen gelangen feine Sägeblätter zum Einsatz, im Handel werden diese meist unter der Bezeichnung »fein« oder »0« angeboten. Sie bleiben nicht im Metall hängen, sondern »fressen« sich gleich ins Material.

3.1.1.8. Elektrische Konfiguration

Die Trennschnitte sollte man noch sichern, denn es ist denkbar, dass sich die Profile etwas bewegen und sich der Trennschnitt im Lauf der Zeit wieder verengt. Als »Isolationsmaterial« hat sich etwas »Pattex Stabilit Express« (ein leistungsstarker, schnell härtender Zwei-Komponenten-Acrylatkleber mit Spalt füllenden Eigenschaften, hochfest und vibrationsbeständig, für Metallverklebungen geeignet) bewährt.

Nun benötigen die abgetrennten Zungenprofile wieder »Saft«. Das erreicht man durch Verbinden der beiden Zungenprofile mit den jeweils zunächst liegenden Gleisprofilen. Am einfachsten geschieht dies durch Einlöten eines Stückchens Draht nahe beim Trennschnitt (dieser Draht verschwindet optisch in der Schotterung). Warum nahe beim Trennschnitt? Da die Weichenzungen beweglich sein müssen, darf die Fixierung durch einen eingelöteten Draht nur weit »vorne« beim Herzstück erfolgen, allwo die

Zungenprofile nahezu keine Bewegung ausführen. Natürlich ist auch eine flexible Verbindung der Zungenprofile zu den Backenschienen herstellbar, etwa mittels Litze.
Dann sind noch die Spurdrähte abzulöten und an den entsprechenden Stellen Schwellen unterzuschieben und festzukleben.
Damit ist die Bausatz-Weiche fertig gestellt. Vor dem Einbau darf nicht vergessen werden in die Grundplatte (unterhalb der Stellschwelle) ein Loch für den Stelldraht zu bohren (ein Loch mit 20 mm Durchmesser hat sich für die notwendige Justage der Antriebs als ausreichend erwiesen).
Zum krönenden Abschluss erfolgt der Einbau der Weiche in die Anlage, die farbliche Nachbehandlung und das Einschottern, wobei man natürlich darauf achtet keine beweglichen Teile festzukleben.

3.1.1.9. Zusammenfassung

Zusammenfassend noch einmal eine Übersicht über die wichtigsten Punkte beim Gleisselbstbau aus Bausätzen:

- Gleisnägelchen drückt man am einfachsten mit einer Flachzange ein, Hämmerchen und Haltegerätschaften sind überflüssig und sogar hinderlich.
- Gleisnägelchen drückt man stets rechtwinklig zum Gleisprofil ein, also nicht schräg oder gar gedreht.
- Weichen sollte nicht direkt in die Anlage eingebaut, sondern bequem am Arbeitstisch gebaut werden. Dafür eignet sich eine Basis aus Holz oder Pertinax.
- Man kann Selbstbauweichen auf Pappelsperrholz oder Pertinaxschwellen aufbauen. Entscheidet man sich für die Holzbasis, wird in der Regel Pappelsperrholz empfohlen, in welchem die Nägel ausreichend Halt finden, etwa um die beim Weichenstellen auftretenden Kräfte aufzufangen.
- Ehe mit dem Landschaftsbau begonnen wird, muss das Gleis fertig gestellt sein und technisch einwandfrei funktionieren. Denn wenn grüne Matten und schroffes Gestein den Zugriff auf die halbfertige Weiche behindern, verliert auch der Gutmütigste die Nerven. Farbiges Gestalten und Schottern des Geleises sind Arbeiten, die mit dem Landschaftsbau erledigt werden können. und sein.
- Gleichstrombahner, die eine sichere Stromversorgung ihrer Weiche wünschen (und wer wünscht sich das nicht?), trennen die Schienen nach dem Zusammenbau zwischen Herzstück und Stellschwelle. Die abgetrennten Profile müssen anschließend mit den Außenschienen elektrisch verbunden werden, das Herzstück ist zu polarisieren.

3.1.1.10. Bau von Metergleis

Hat man einmal eine Bausatz-Weiche gemeistert, stellt der Bau von Metergleis keine komplexe Sache mehr dar, wenn man sich nach wie vor um Sorgfalt und Genauigkeit und natürlich Geduld bemüht.
Der hier vorgestellte Bausatz der Hobby Ecke besteht aus Gleisprofilen, gebeizten Echtholzschwellen und Korkbettungen.
An Werkzeugen werden dafür benötigt:

- Flachzange zum Eindrücken der Nägelchen;
- Klebstoffe, die hohe Festigkeit garantieren wie Pattex Compact oder Ponal Express;
- Einfacherer Klebstoff für Papier (etwa Uhu etc):

3.1.1.11. Gleisverlegung

Am Anfang steht auch hier wieder die Planung. Der gewünschte Gleisradius wird auf die Grundplatte (oder das Anlagenteilstück) übertragen. Entlang dieser Mittellinie werden die Korkstreifen (oder das gewünschte Bettungsmaterial) aufgeklebt. Dabei hat sich gezeigt, dass Pattex Compact die Dämmwirkung (Geräusche) des Korks sehr gut erhält.
Nun werden die beiliegenden Gleisschablonen auf den Kork geklebt. Nach dem Trocken erfolgt das Aufkleben der Schwellen auf die Papierschablonen. Die dem Bausatz beiliegenden Schablonen entsprechen dem Schwellenabstand eines Hauptbahngleises.

Wer eine stille Nebenstrecke bauen will oder Ähnliches kann den Schwellenabstand vergrößern. In diesem Fall fährt man mit einer selbst gezeichneten Papierschablone besser (siehe weiter oben).
Man beginnt nun von der nächsten Weiche ausgehend die Gleisprofile aufzulegen und auszurichten sowie mittels Spurlehre festzulegen. Dann wird wieder genagelt, also mit der Flachzange werden die Nägelchen eingedrückt, wie es beim Bau der Weiche bereits durchgeführt worden ist. Im Gegensatz zu Weichen müssen die Nägelchen des Metergleises keine so hohen Druck- und Zugkräfte aushalten. Daher genügt es, wenn gerade Abschnitte an etwa jeder fünften Schwelle genagelt werden; in gebogenen Abschnitten sollte jedoch jede Schwelle genagelt werden. Abschließend kann man die Gleise einschottern und farblich behandeln.
Ein Selbstbaugleissystem mit Federzungenweichen in Baugröße N bietet Micron (Kontaktadresse: J. Haubrich Modellbau, J.-H.-Wichern-Str. 48, 50226 Frechen, Tel.: 02234/22936) an. Die Profile dieses US-amerikanischen Anbieters betragen 1 mm (Code 40) oder 1,4 mm (Code 55).

3.1.1.12. Lohnt sich der Gleisselbstbau?

Zum Schluss möchte ich noch ein paar Gedanken zu Aufwand und Ertrag des Gleisselbstbaus verlieren. Für wen lohnt sich der gewiss nicht geringe Aufwand die Gleise selbst zu bauen? Salomonisch-weise, wie der Modellbahner ja bekanntlich ist, kann man nur antworten: Für jeden, der den Aufwand betreiben mag.
Aber im Ernst: Die Zeitökonomie spielt natürlich auch in unserem Hobby eine große Rolle. Wahrscheinlich wollen nur wenige Hobbykollegen jahrelang an den Gleisen bauen und ebenso lange auf das erste Fahrerlebnis warten wollen. Wenn es eine große Anlage werden soll, dürfte sich aufgrund der Zeitökonomie der Gleisselbstbau nicht lohnen, das alles zu bauen dauert einfach zu lange und man verliert wahrscheinlich die Lust daran.
Wer aber eine kleinen Bahnhof bauen will (im Schattenbahnhof liegen ja sowieso Industriegleise) mit einer überschaubaren Menge an Weichen und Gleisen (und vielleicht, wie oben angeregt, durchaus vorbildgerecht mit verschiedenen Profilhöhen auf Durchgangs- bzw. Nebengleisen) dem kann der Gleisselbstbau nur ans Herz gelegt werten. Ein optisch abwechslungsreiches Gleisbild wird der Lohn für die zugegebenermaßen großen Mühen sein.
Der Gleisselbstbau ist auch im Hinblick auf generelle Ökonomie empfehlenswert, lässt sich damit auch Geld sparen (wenn man die Eigenleistung nicht in Geld umrechnet, klar). Die Materialkosten für den Bau der im Buch vorgestellten einfachen Weiche belaufen sich (nach den Preisen vom Frühjahr 2010) auf etwa 7,- Euro (Pertinax etwa 2,- Euro, Gleisprofil etwa 5,- Euro; Säge, Lot und Lötkolben, Strom unberücksichtigt)

3.2. Der reine Selbstbau

Generell kann man sagen, dass der reine Selbstbau von Weichen und speziellen, den jeweiligen Gegebenheiten der Modellbahn angepassten Gleisverbindungen gar nicht so schwer ist, wie man vielleicht auf den ersten Blick vermuten würde. Um aber ganz realistisch zu bleiben: Ein wenig Übung und Geschick im Umgang mit Säge, Feile und Lötkolben sollte allerdings schon vorhanden sein, um in kurzer Zeit zu einem respektablen Ergebnis zu gelangen.
Wer mit Geduld und vor allem Bastelfreude zu Werke geht, erhält garantiert eine vorbildgetreue Weiche, die es in dieser Ausführung wohl nirgendwo zu kaufen gibt. Der Vorteil ist, dass diese Weiche wie ein gewöhnliches Industrieprodukt vom Fachhändler eingesetzt und betrieben werden kann. Im Folgenden sollen die einzelnen Arbeitsschritte in aller Ausführlichkeit präsentiert und erläutert werden.

3.2.1. Werkzeug und Material

Für den Bau werden nur Werkzeuge oder Maschinen eingesetzt, die für gewöhnlich im Modellbau Verwendung finden und im Hinblick auf eine Neuanschaffung keine allzugroße Belastung des Hobbyetats darstellen. Man kann diese Werkzeuge auch für weiterführende Arbeiten einsetzen, also nicht nur für den Modellbau. Aber der Reihe nach. Man benötigt:

- verschiedene Zeichengerätschaften (Bleistift, Lineal, Zirkel, Kurvenlineal)
- ein Satz feiner Schlüsselfeilen
- Laubsägebogen mit Metallsägeblättern (alternativ bietet sich auch die Nutzung einer elektrisch betriebenen Dekupier- oder kleiner Kreissäge an, ist aber wie gesagt nicht Bedingung)
- Seitenschneider oder ROCO-Säge
- Geräte zur Reinigung des Gleises (Weichholz, feines Schmiergelleinen, alternativ auch der Gummischleifblock von Roco (»Roco-Rubber«)
- Lötkolben mit mindestens 30 Watt Leistung
- Lötzinn und Lötfett oder Lötpaste
- Bohrzwerg (»Dremel« oder ähnliches Gerät)
- Bohrer mit dem Durchmesser 0,5 mm für Metall
- Schieblehre
- kleiner Schraubstock

An Baumaterial sind zu besorgen:

- Leiterplattenmaterial (so genannte Pertinax-Platten)
- Schienenprofile (in unserem Beispiel Code-83-Gleis von Roco)
- Schienennägel
- Messing- oder Stahldraht mit einem Durchmesser von 0,5 mm
- Kunststoffmaterial mit einer Stärke von 2 mm (Polystyrol)
- Weißleim (Ponal oder ähnliches)
- Zeichnung der Weiche (also der Schwellenlage)

Das waren die Dinge, die unbedingt nötig sind, um zu einem passablen Ergebnis zu kommen.

Nun zu den Werkzeugen, die überdies noch von Vorteil sind, aber, wie gesagt, nicht unbedingt vorhanden sein müssen:

- Gleisspurlehren
- Gummischleifteller mit Schleifrondellen (weiter unten wird gezeigt, wie ein einfacher Elektromotor zu einer Schleifscheibe umgebaut werden kann)
- Polierkörper (Farbe blau) mit Aufspanndorn (es gibt solche Geräte im Hobbybedarf, z. B. von Dremel, Proxon oder anderen)

3.2.1.1. Grundlagen

3.2.1.1.1. Zeichnung der Weiche

Die Grundlage unserer Bastelei ist eine Zeichnung der gewünschten Weiche. In unserem Fall also im Maßstab 1:87 (H0). Aus dieser Zeichnung sollte die genaue Lage der Schwellen, deren Abmessungen sowie die sogenannte Schienenlage (also z. B. den Ort der Herzstückspitze, die Lage und Länge der Zungen usw.) deutlich erkennbar sein.
Man kann sich auch mit Büchern behelfen. In zahlreichen Publikationen sind fertige Gleis- und Weichenzeichnungen in 1:87 enthalten sind. Der bekannte Modellbahnautor Thomas Becker hat z. B. in der Miba Heft 5 Jahrgang 1993, Seite 50/51 Weichenzeichnungen veröffentlicht, die als Vorlage dienen können. Im Internet wird man freilich ebenso fündig und natürlich kann man sich auch mit Kopien behelfen.

3.2.1.1.2. Klarheit verschaffen

Was muss noch vor dem Bau geklärt werden? Ganz wichtig ist es zu wissen für welche Radsatznorm die Weiche gebaut werden soll. Wie wir ja aus obigen Ausführungen wissen, fallen RP-25-Radsätze in die Herzstücklücke von NEM-Weichen. Auch über das Radsatzinnenmaß muss Klarheit herrschen: Wird die Weiche für ein falsches Radsatzinnenmaß gebaut, kann es später zu Entgleisungen kommen. Daher muss das Maß bekannt sein.
Da zum Bau einer Weiche jeweils eine Zeichnung benötigt wird, die nach dem Fertigstel-

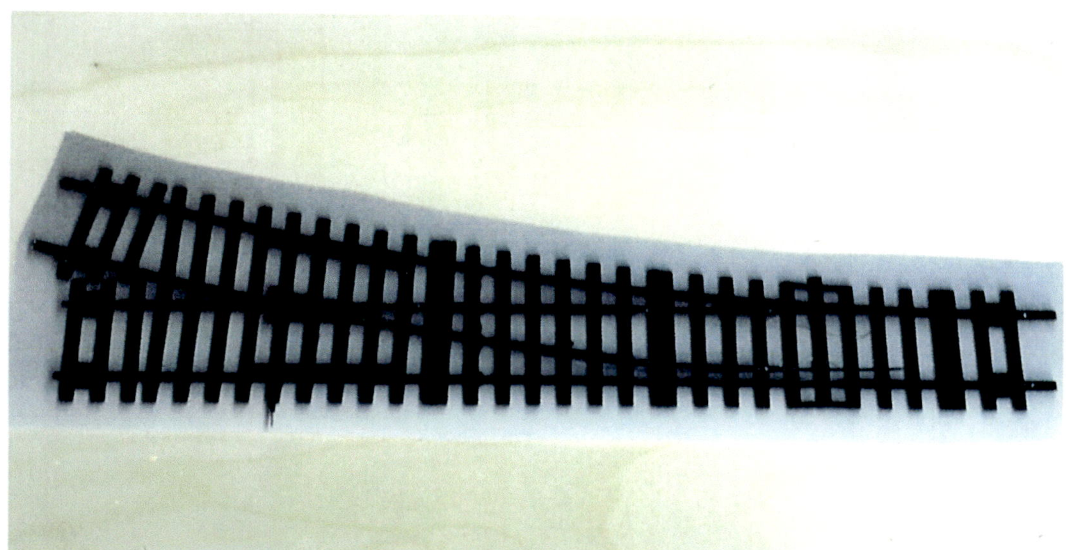

Für das Beispiel wurde einfach eine konventionelle Roco-Line-Weiche auf einem handelsüblichen Kopierer gelegt und abkopiert. Das genügt für unser Vorhaben vollauf.

len des Modells verloren ist, wird also für jede Weiche eine Kopie/Ausdruck benötigt. Außerdem kann mit den Kopien der Gleisplan vorher 1:1 gelegt werden, und ermöglicht so erste Stellproben mit Fahrzeugen und Gebäuden, bevor die Weichen und Gleisverbindungen gebaut werden. Diese Zeichnungen werden zum Bau der Weichen mit wenig Weißleim auf eine Unterlage aus 2mm Plastikplatte geklebt.

3.2.1.2. Erste Bauschritte

Nachdem wir uns alle Baumaterialien besorgt haben und über Grundsätzliches Klarheit herrscht, kann's losgehen.

3.2.1.2.1. Die Schwellen

Die Original-Schwellen sind in der Regel aus imprägniertem Kiefernholz bzw. aus unbehandeltem Eichenholz. Der Modellbahner fertigt seine Schwellen im Gegensatz zum Vorbild aus Leiterplattenmaterial gefertigt. Das hat die Konsequenz, dass die Oberflächenstruktur im Gegensatz zu Holz glatt ist. Später gibt man den Schwellen etwas Struktur durch Lot und das später erfolgende Durchtrennen der Kupferschicht auf den Leiterplattenstreifen.

Wer sich die Schwellen auf Hauptstrecken genauer ansieht, wird feststellen, dass dort auch teilweise sehr glatte Schwellen liegen. Es ist zu verschmerzen, dass unsere Schwellen eben nicht ganz so zerhauen sind wie das Vorbild.

Die »Modellschwellen« sägt man aus einer einseitig beschichteten Leiterplatte heraus: Man sägt lange Streifen von etwa 2,3-2,5 mm Breite. Das geschieht in Abhängigkeit von der Breite der Originalschwellen, je nach

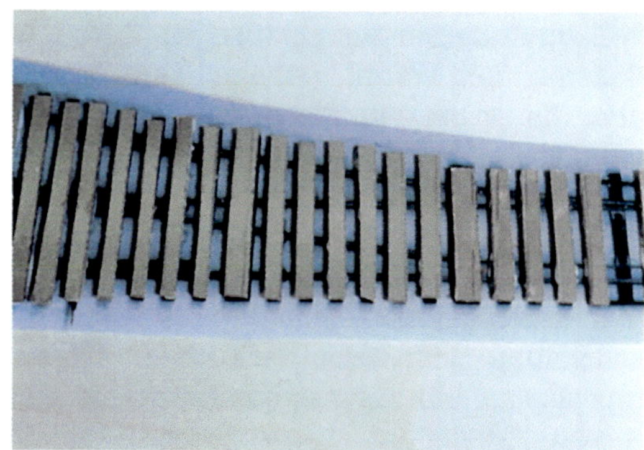

Aus Pertinax ausgesägte »Schwellen«. Das Sägen von Hand in der beschriebenen Methode mit anschließendem Abknipsen mittels Seitenschneider nahm nicht mehr als 20 Minuten in Anspruch.

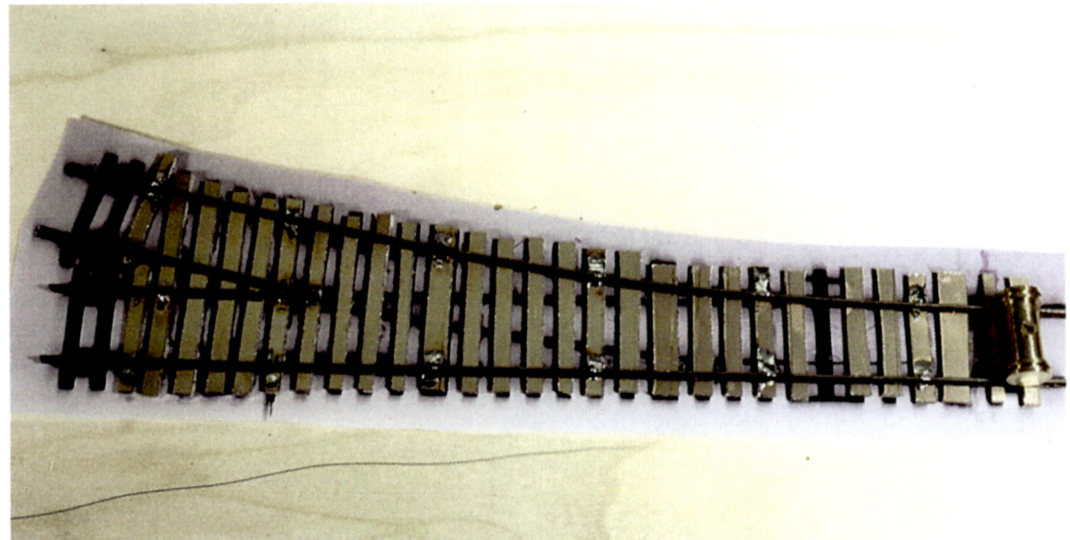

Hier wurden die Pertinax-Schwellen bereits mit Express-Weißleim aufgeklebt: Mittels kleinem Pinselchen oder einem Streichholz wird die Schwelle benetzt (man benötigt gar nicht viel Kleber) und aufgeklebt.

Wunsch. Diese Arbeit führt man mit der Laubsäge durch, auch eine Handsäge ist verwendbar. Komfortabel erledigt sich diese Arbeit freilich mit einer Dekupiersäge oder einer kleinen Handkreissäge (mit Anschlag).

Die benötigte Länge der Schwelle (in unserem Beispiel sind es 3,1 cm) trägt man auf dem dünnen Leiterplattenstreifen auf und trennt das Stück mit dem Seitenschneider ab. Das genügt für den bedarf einer einzelnen Weiche. Wer gleich auf Vorrat sägen will, greift besser zur elektrischen Säge. Das das hat den Vorteil größerer Genauigkeit, aber die ist bei den Schwellen nicht so gravierend.

Nun nimmt man die Zeichnung und klebt die ausgesägte Schwellen in der gewünschten Form mittels Weißleim an die entsprechenden Stellen auf der Zeichnung. Die Kupferbeschichtung zeigt dabei nach oben, »blickt« uns also an. Mit Express-Weißleim lässt sich rascher Arbeitsfortschritt erzielen.

Nach 20 Minuten bzw. einigen Stunden (je nach Weißleim) reinigt man die Kupferschicht. Das geschieht mit dem Gummischleifblock (wenn Riefen im Kupfer entstehen, macht das nichts).

3.2.1.2.1.1. Die Herstellung von Stahlschwellen

Gibt es Alternativen zu Holzschwellen im Modell? Wie können Stahlschwellen nachgebildet werden?

Man schneidet aus einer Pertinaxplatte etwa 3 mm breite Streifen. Diese Streifen werden dann an den Seiten angefast, was die Optik der Stahlschwelle schon gut trifft. Das Anfasen erfolgt mit einer Fräse oder einer Feile.

Eine mit Stahlschwellen gebaute Weiche ist ein optisch netter Blickfang, vor allem, weil man den Unterschied erst auf den zweiten Blick erkennt. Eingebaut wird sie sich aber durch die rostrote Farbe deutlich von den graubraunen Holzschwellen unterscheiden. Der weitere Bau erfolgt dann wie unten folgend beschreiben.

Das Streichen der Stahlschwellen erfolgt in einem etwas dunkleren Rostton als die Schienen. Schon on diesem Zustand sieht man den Unterschied zum Holzschwellengleis.

3.2.1.2.2. Das Herzstück

Für das Herzstück sind die Schienenprofile an der Spitze (die sogenannte herzstückbildende Schienenstücke) zu beschleifen. Zu-

Stahlschwellen beim Vorbild: Man erkennt die typische seitliche Abflachung.

nächst wird das Profil des abzweigenden Gleises auf einer Länge von etwa 10 mm spitz zulaufend abgefeilt oder geschliffen.

Das geht von Hand mit Gefühl am besten. Hierfür nimmt man ein Brettchen (mindestens 5 mm dick) und schneidet eine Rille für den Schienenfuß dort hinein (z. B. mit einer Säge). Man legt die Schiene in diese Rille hinein und spannt das Ganze in einen Schraubstock. Nicht zu stark zudrehen, Profile verformen sich leicht, was hinterher kaum zu korrigieren ist.

Man hält nun das Schienenprofil mit einer Hand fest und befeilt die Schienenspitze, bis ein guter Zentimeter angeschrägt ist.

Besonders komfortabler und schnell geht es freilich mit einem Bohrzwerg und eingespannten Schleifscheiben. Ich habe mir einen einfachen Elektromotor vom Schrottplatz mit einem Schleifrondell ausgerüstet, auf den Schleifscheiben verschiedener Körnung mittels Schrauben befestigt werden können. Ein Anschlagtischchen gestattet die Aufnahme des zu befeilenden Materials. Mit Gefühl die Schienen an den rotierenden Schleifteller heranführen und mit Geduld schleifen.

Ist das Schleifen beendet, muss die Schiene entgratet werden. Das geschieht mit einer feinen Feile. Man richtet dann die Schienen

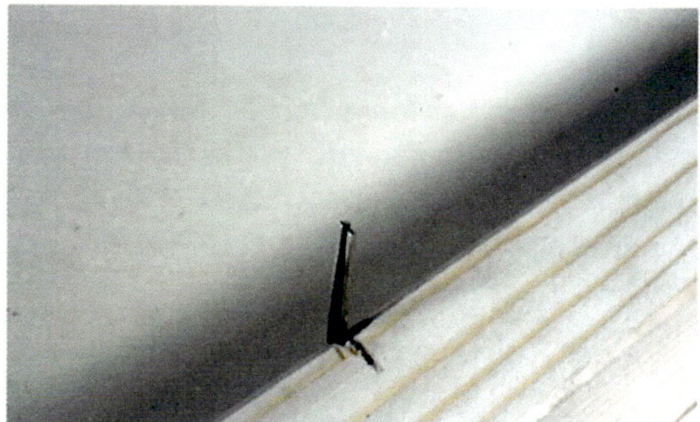

Das beschrieben Brettchen mit Rille zur Bearbeitung der Schienenprofile. Man muss diese Halterung nicht unbedingt in einen Schraubstock einspannen, man kann es auch mit der Hand ausreichend genug fixieren. Das Befeilen mit einer feinen Feile und Geduld dauert halt seine Zeit.

Der erwähnte Elektromotor mit Schleifscheibe und Auflage war schnell gebaut und hat sich beim Gleisselbstbau bewährt.

Das Herzstück ist bereits auf den Schwellen verlötet. Wichtig ist, dass man zunächst nur einen Punkt anlötet, um die Profile noch ausrichten zu können. Zum Anlöten gibt man einen Klecks Lötpaste oder bringt einen kleinen Lötzinnklecks auf die Schwelle auf. Dann wird das Profil punktuell fixiert, ausgerichtet und fest gelötet. Ich presse die Lötspitze an die entsprechende Stelle und warte, bis das Lot zerfließt.

Die Backenschiene wird mit der Spurlehre fixiert und punktuell festgelötet, dann ausgerichtet.

auf dem Schwellenband aus und lötet sie an einem Punkt (und nicht mehr) an der Außenseite der Schiene mittels Lötfett oder Lötpaste auf einer Schwelle an.
Leicht lässt sich die Lage des Schienenstückes kontrollieren und wenn notwendig auch korrigieren.
Ist man mit der Lage endgültig zufrieden, wird die Schiene auch auf den anderen Schwellen angelötet. Die Behandlung des anderen Profils der Herzstückspitze erfolgt analog. Wenn die Herzstückspitze auf den Schwellen verlötet ist, entfernt man das überschüssige Lötzinn durch Befeilen oder unter Einsatz des Bohrzwergs mit Schleifeinsatz. Das muss natürlich vorsichtig geschehen.

3.2.1.2.3. Die Backenschienen

Nun geht es an den Bau der Backenschienen. Man längt das Profil nach dem Auflegen auf das Schwellenband und dem Abmessen mit einem Übermaß von gut 10 mm ab. Auch hier werden die Schienenenden befeilt: Nun aber gilt es die Ende plan, also eben zu feilen.
Man legt die befeilten Profile wieder auf das Schwellenband auf und sucht nun die Biegung, die die Zeichnung für das abzweigende Gleis vorgibt, nachzubilden. Zwischen den beiden Daumen und mit leichten Druck der Zeigefinger lässt sich das Profil leicht biegen, bitte nur behutsam biegen, denn Knicke sind nicht wieder herauszubekommen.
Anhand der Zeichnung ist die Lage der Stellschwelle zu erkennen. Dort, wo über die Stellschwelle die Weichenzungen gut an den Backenschienen anliegen sollen, muss der Schienenfuß befeilt werden. Mit einer Feile (ein Bohrzwerg ist hier zu »grob«, rasch ist zuviel weggefeilt und das Profil ist verdorben) wird eine sich zur Weichenzunge hin verstärkende »Kerbe« eingesägt (siehe Fotos).
Ist diese Arbeit erledigt, lötet man die Backenschienen auf das Schwellenband. Dabei geht man wie bei der Herzstückspitze vor: Zunächst anheften, evt. korrigieren, dann festlösten. Über die genaue Lage der Backenschienen gibt sowohl die Ausfeilung der Backenschienen sowie die Lage der Stellschwelle Auskunft.

Auch die Herstellung der Flügelschienen benötigt Zeit und Geduld. Exaktheit ist in diesem Bereich der Weiche unabdingbar.

Es empfiehlt sich mit dem Verlöten mit der gerade verlaufenden Backenschienen zu beginnen. Man setzt sie an der Spitze der zugehörigen Herzstückschiene an.
Nun muss Genauigkeit walten: Mit der Schieblehre oder einer mit einem Messschieber oder einer Gleispurlehre richtet man den korrekten Gleisabstand ein und lötet die Backenschienen an einem Punkt auf das Schwellenband.
Nun gilt es die exakt parallel Ausrichtung der Gleise und natürlich die genaue Spurweite zu überprüfen und ggf. zu korrigieren. Sind die Maße akzeptabel, lötet man die Bakkenschienen fest: Es genügt auf jeder fünften Schwelle einen Lötpunkt zu setzen. Damit lässt man sich die Option offen, später nochmals korrigierend einzugreifen, falls es nötig sein sollte. In entsprechender Weise wird mit der anderen backenschiene verfahren. Stets ist die Spurweite auf Maßhaltigkeit zu kontrollieren.

Beim Befeilen der Weichenzungen ist darauf zu achten, dass die Profilspitzen sehr flach zulaufen, denn hier soll ja hinterher das Rad auflaufen und auf das andere Gleis gebracht werden.

3.2.1.2.4. Die Flügelschienen

Nun geht es schon an die Herstellung der beiden Flügelschienen. Nach dem Ablängen werden sie mit einer Flachzange vorgebogen (dabei hilft wieder die Zeichungsvorlage). Nachdem man sie auf das Schwellenband aufgelegt hat, werden mit der Schieblehre wieder Spurweite und der Abstand zum Herzstück kontrolliert. Der Winkel des Schienenstückes wird solange mit der Zange verändert bis beide Maße stimmen. Anschließend werden die Flügelschienen aufgelötet. Diese Arbeiten erfordern die größte Sorgfalt beim Bau der Weiche.

3.2.1.2.5. Die Weichenzungen

Dann kann man sich schon den Weichenzungen widmen. Sie werden abgelängt und wie bei den Backenschienen beschrieben vorgebogen. Die Spitzen der Zungen laufen auf einer Strecke von etwa 3 cm spitz zu. Man befeilt sie wie die Herzstückspitzen.

Hier ist nochmals zu sehen, worauf es ankommt: Die Zungenspitzenlaufen sehr flach aus und liegen genau an den Backenschienen an.

Beim Einbau ist zu beachten, dass die dem Herzstück zugewandten Teile der Zunge nicht die Flügelschienen berühren dürfen, da sonst ein Kurzschluss entsteht. Aus diesem Grund dürfen die Stellzungen nicht auf derselben Schwelle mit den Flügelschienen aufgelötet werden. Man lötet die Weichenzungen, an den Backenschienen anliegend, auf den letzten drei bis vier Schwellen vor den Flügelschienen auf.
Selbstverständlich ist bei all diesen Arbeiten das ständige Überprüfen der Spurweite obligatorisch. Für den späteren Betrieb ist jede minimale Abweichung bedeutsam. Nur einen Wagen hin- und herschieben dürfte für die Justierung der Zungen nicht genügen.

3.2.1.2.6. Die Stellschwelle

Nun geht es an die Herstellung der Stellschwelle. Sie besteht wie alle übrigen Schwellen ebenfalls aus Leiterplattenmaterial (Pertinax). Sie fällt etwas länger aus als die übrigen Schwellen und erhält mittig ein Loch zur späteren Aufnahme des Stelldrahts.
Wie ist der korrekte Abstand der Stellschwelle mit den Weichenzungen zu den Backenschienen (sie soll ja zunächst eine Mittellage einnehmen, erst über den Stelldraht wird sie ja nach links bzw. nach rechts gedrückt) einzurichten? Man schiebt zwischen Backenschiene und Weichenzungen (etwa einige Zentimeter vor dem Herzstück) z. B. Reste des Leiterplattenmaterials. Das geschieht, bis die beiden Weichenzungen in einem Abstand von etwa 0,6 mm zu den Backenschienen liegen.
Nun erfolgt das Anlöten der Stellschwelle an die Weichenzungen. Man überprüft den korrekten Einbau, indem nach Entfernen der Pertinaxstreifchen die Stellschwelle sich optimalerweise ohne Kraftaufwand in die beiden Endlagen schieben lässt.
Natürlich ist der Einwand über die mangelnde Vorbildtreue einer solcherart hergestellten Stellschwelle berechtigt. Man kann daher eine Stellstange-Imitation wie an anderer Stelle im Buch beschrieben anfertigen.
Optisch weniger auffällig, aber doch stabil und zuverlässig arbeitet folgende Stell-

Hier wird die Stellschwelle untergeschoben und die Zungen darauf festgelötet. Eventuell dabei hervorquellendes Lot ist zu beseitigen um ein einwandfreies Gleisten der Schwelle sicherzustellen.

schwelle: Man durchbohrt zwei Pertinaxstreifen der Länge nach mit einem 0,5-mm-Bohrer (mittels Bohrständer) und verbindet sie mittels 0,5-mm-Messingdraht. Das wirkt optisch wie eine Stellstange.

Nun ist unsere Weiche schon weit gediehen. Wenn die Weichenzungen nach dem Einbau der Stellschwelle nicht mehr optimal anliegen, ist die Ursache wahrscheinlich überschüssiges Lötzinn. Beim Löten der Schwelle ist Lot ausgetreten und unter die Schiene geflossen. Es muss vorsichtig mit einer Feile abgefeilt werden.

3.2.1.2.7. Radlenker

Parallel zu den Flügelschienen werden an den Backenschienen gleichlange Radlenker mit einem Abstand von 1 mm aufgelötet. Die Enden der Radlenker sind etwas nach innen gebogen. Damit ist die Weiche optisch fertig. Nun geht es an die elektrische Konfiguration.

3.2.1.2.8. Die Elektrik

Nun muss die Kupferschicht der Schwellen zwischen den Profilen aufgetrennt werden. Dadurch wird die Isolation der beiden im Betrieb unterschiedliche Polarität führenden Profile hergestellt.

In der Praxis haben sich ein Bohrzwerg mit Schleifeinsatz bewährt. Diese Arbeit geht sehr schnell vonstatten. Man schleift nur jeweils etwas Kupfer von der Mitte der Schwellen ab. Für den Anschluss der Weiche sind nun nur noch drei Kabel notwendig: Die Backenschienen (die ja die Weichenzungen mit unter Spannung setzen) erhalten jeweils eines und das Herzstück erhält ebenfalls eine Zuleitung.

Die Verwendung einer Trennscheibe empfiehlt sich nicht, da sie eine tiefe Kerbe in den Schwellen hinterlässt. Ein einfacher Schleifstift entfernt die Kupferschicht schonender.

Mit einem Schleifeinsatz ist die Kupferkaschierung auf der Schwelle schnell und einfach beseitigt, mithin die Isolation erzeugt worden. Die Trennstelle fällt nach dem Bemalen optisch nicht weiter auf. Man könnte sie natürlich durch Aufkleben von Holzprofilen (z. B. von Northeastern) schwellen weiter kaschieren.

3.2.1.2.9. Das Reinigen der Weiche

Wie ist die Zeichnung, die ja immer noch unter der Weiche klebt, abzulösen? Man legt die Weiche in ein Bad aus warmen Seifenwasser. Nach einigen Minuten beginnt sich der Weißleim zu lösen und das Papier fällt ab. Gleichzeitig entfernt man auf diese Weise auch alles anhaftende Fett und die Lötreste.

3.2.1.2.10. Die Schienennägel

Nun fehlt noch ein optisches Detail: Schienennägel, mit denen die Weiche ja »befestigt« wird. Ehe es an diesen Bauschritt geht, wird zunächst die Funktionsfähigkeit der Weiche durch ausgiebige Testfahrten überprüft.

Sind die Tests zur Zufriedenheit ausgefallen, geht es weiter. Mit einer Kleinbohrmaschine bohrt man die Löcher für die Schienenbefestigungen. Je nach Profilhöhe, Spurkranzhöhe und Schienenägel können diese Löcher nur außen oder an beiden Seiten des Schienenprofils gebohrt sein. Für kleinere Maßstäbe als H0 können die Schienenägel auch fortgelassen werden, da sie ohnehin nicht stark in Erscheinung treten. Die Schienenägel werden allerdings erst dann eingesteckt, wenn die Weiche auf ihrem endgültigen Platz mit einer Unterlage aus Kork, Styrodur oder Moosgummi aufgeklebt ist. Als letztes wird das komplette Gleis mit Farbe gespitzt oder gepinselt und wie jedes industriell gefertigte Gleis eingeschottert.

3.2.1.2.11. Schienennägel selbstgemacht

Man muss nun zum Annageln nicht unbedingt auf Industriefertigmaterial zurückgreifen. Man kann seine Schienennägel auch selbst herstellen.

Man benötigt nur einfache Tackerklammern.

Werkzeug und Material:

- Goldschmiedeschere (Feinblechschere, z. B. von Fohrmann, es geht auchmit einer stabilen Allzweckschere)
- Tackerklammern (Maße 0,7 x 0,4 mm, gibt es im Schreibwarenhandel)
- Aceton

Die Tackerklammern wie man sie in Schreibwarenläden erhält; unten der komplette Streifen, oben bereits abgeteilt.

Der abgeteilte Streifen wird an die Schneide einer stabilen Schere gedrückt und diese vorsichtig zugedrückt. Schon erhält man eine Vielzahl feiner Nägelchen.

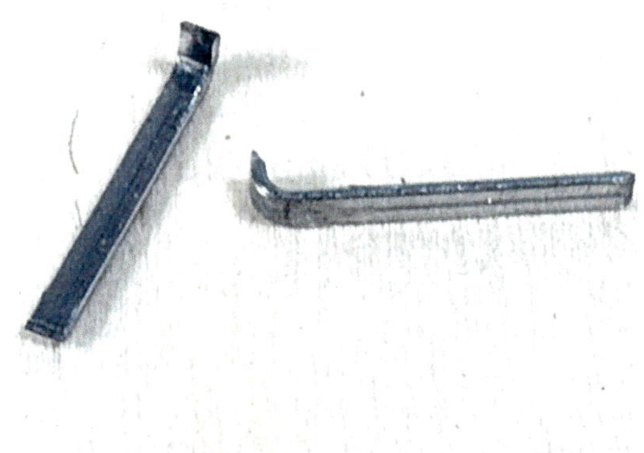

Die (fast) selbst gemachten Schienennägelchen in der Nahaufnahme. Beim Trennen in Aceton sind selbstredend die gängigen Sicherheitsvorkehrungen zu treffen: Schutzhandschuhe und -brille sowie gute Belüftung, und natürlich sind Kinder fernzuhalten.

Die Tackerklammern werden in zusammengeklebte Streifen aus jeweils etwa 50 Klammern geliefert. Man zerteilt einen solchen Streifen in Stücke zu jeweils 12 Klammern. Solch ein Stück wird nun an die untere Schneide der Schere gedrückt und festgehalten. Drückt man nun die Schere zu, wird der überstehende Tel abgetrennt. Damit ist bereits ein Satz Schienennägel hergestellt.

Das zerteilen der aneinanderhaftenden Nägel ist aber ein mühseliges Geschäft. Ein Hinweis eines befreundeten Modellbahners folgend, empfiehlt sich der Einsatz von Aceton (unter Beachtung der üblichen Vorsichtsmaßnahmen wie gute Belüftung und vorsichtiges Hantieren).

Man füllt Aceton in ein sauberes Gefäß und gibt die getrennten, aber noch aneinanderhaftenden »Schienennägelchen« hinein. Dann wird das Glas zugeschraubt. Man lässt das Aceton gut zwei Minuten auf die Klebung einwirken. Dann wird das Glas geschüttelt (zuvor sich überzeugen, dass der Deckel fest schließt).

Durch das Einwirken des Lösungsmittels und das anschließende Schütteln trennen sich die zuvor aneinanderhaftenden Nägel. Das Aceton füllt man bis zum nächsten Gebrauch wieder in die Dose zurück. Die nassen Nägel werden dann auf einem Küchentuch ausgebreitet und zum Trocknen liegen gelassen.

Die Maße entsprechen nahezu den käuflich erworbenen Schienenägeln. Wer will, kann die Nägelchen noch brünieren. Doch das erscheint als überflüssiger Arbeitsgang. Denn das Gleis wird ja ohnehin mitsamt Schwellen noch bemalt und eingeschottert, so dass von den Nägeln nicht mehr viel zu sehen sein wird. Die Herstellungszeit einer Handvoll Nägel hat so nur wenige Minuten gedauert, ein zu verschmerzender Zeitaufwand. Die Kosten sind gering.

3.2.1.3. Roco-Line mit Punktkontakten

Freunde des Mittelleitersystems haben nicht die große Auswahl an Weichenformen wie die Anhänger der Zweileiter-Weichen. Einstweilen wird Märklin wohl auch das bestehende Sortiment kaum ausbauen. Fehlende Nachfrage und ein schrumpfender Käufermarkt werden als Grund genannt, die Kosten für neuentwickelte Weichen sind kaum rasch wieder hereinzubekommen.

So bleibt den Freunden des Mittelleitersystems oftmals nur der Weg des Selbstbaus. Ein gangbarer Weg ist das Ausrüsten von Zweileiter-Systemweichen mittels Punktkontakten. Von Erbert aus Heringen kommen Punktkontakt-Zurüstsätze für das Mittelleitersystem. Sie passen zu den Weichen und Kreuzungen von Peco und Tillig. Die Punktkontakte in verschiedener Höhe lassen sich leicht montieren und werden mit einem Kupferdraht verbunden.

Auch Peco stellt ein Mittelleiterband für das hauseigene Gleissystem her. Man muss schon selbst entscheiden ob einem die Optik solcherart ausgerüsteten Gleises den Mehraufwand rechtfertigt.

Was wird benötigt?

- Kupfernägel
- Alufolie
- Hämmerchen
- Flachzange
- Seitenschneider
- Lötkolben
- Bohrer mit 0,5 mm Durchmesser
- Kupferdraht 0,5 mm Durchmesser

Man kann die Stromkontakte aber auch selbst herstellen und auf ein Gleissystem des persönlichen Geschmacks zurückgreifen. Eine wichtige Einschränkung aber muss getroffen werden. Auf den üblichen Zweileitergleisen mit 2,1 und weniger Schienenprofilhöhe laufen die Spurkränze der Märklin-Fahrzeuge auf und rattern auf den Kleineisennachbildungen. Wer nur wenige Märklin-Fahrzeuge besitzt, kann diese umrüsten, für die Waggons gibt es Tauschradsätze. Wer eine große Märklin-Sammlung besitzt, für den bleibt entweder übrig in den sauren Apfel zu beißen oder auf ein höheres Schienenprofil zurückzugreifen.

Es bietet sich an, erstmals eine kurze Teststrecke zu bauen. Da kann man mit seinen

Fahrzeugen Fahrtests unternehmen und sich das ganze optisch zu Gemüte führen. Gefällt es einem wirklich? Scheue ich den Mehraufwand auch nicht oder geht mir irgendwann dabei die Lust aus?

WISSENSWERTES

Selbstgefertigte Testanordnung

Für einen ersten Test greift man auf eine Weiche – möglichst eine fahrtechnisch nicht unbedingt unkomplizierte –, z. B. eine Bogenweiche, zurück. Man verlängert sie mit ein paar Gleisstücken. Dann wird das alles auf einfache Alufolie, die auf einem Holzbrett liegt, verlegt. Nun schlägt man einfache Kupfernägelchen mit rundem Kopf aus dem Baumarkt in die Schwellenbohrungen (für die Gleisnägel) ein. Das verhindert eine Beschädigung des Gleises, wenn man hinterher doch alles beim alten lassen will. Die Kupfernägel dringen in die unter den Gleisen liegende Alufolie ein. Über diese Folie wird die elektrische Verbindung der Punktkontakte hergestellt. Nun muss man das Ganze noch anschließen und kann testen, ob die Fahrzeuge akzeptabel fahren.

Statt der im Text erwähnten Kupfernägelchen tun es auch Messingnägel oder vernickelter Stahl. Man drischt die Nägel auch nicht wie ein Berserker ein, wie es der Autor mal wieder demonstriert. Um die Rundung des Kopfs zu erhalten, drückt man die Nägel besser mit den Backen einer Flachzange ein.

3.2.1.3.1. Lärmentwicklung

Auch wenn die Testfahrten soweit zufriedenstellend verlaufen sind, so ärgert eine doch das relativ laute Schleifergeräusch, das beim Gleiten des Schleifers über die runden Köpfe der Kupfernägel entsteht. Auch die Optik der im Vergleich zu den Märklin-Punktkontakten etwas klobigeren Kupfernägelköpfe stört so manchen Hobbykollegen.

Wie ist Abhilfe zu schaffen? Eine Möglichkeit besteht darin, statt der Nägel Kupferdraht (Durchmesser 0,5 mm) zu verwenden. Er wird am einen Ende mit einer Flachzange behutsam zusammengedrückt. Dabei entsteht ein »runder Kopf«, über den der Lokomotivschleifer zwar nicht geräuschlos, aber wesentlich leiser als bei Kupfernägeln darübergleitet. Der Drahtkopf ist zudem so zierlich, dass er optisch nicht auffällt und vor allem ein völlig hakelfreies Darübergleiten des Schleifers gewährleistet.

Nachdem die Testfahrten zu unserer Zufriedenheit verlaufen sind, geht es an den Bau der ersten Strecke. Genauer arbeiten müssen wird aber auf der Gleisoberseite: In der Praxis hat sich gezeigt, dass es genügt in jede zweite Schwelle einen Kontakt einzubauen. In die Mitte der Schwelle wird eine 0,5-mm-Bohrung eingebracht. Es geht schneller, wenn man sich eine Bohrschablone anfertigt, die genau zwischen die Kleineisennachbildungen des Roco-Gleises passt. Der Draht wird von oben eingesetzt und durchgeschoben. Er muss stramm im Loch stecken und nicht herumwackeln.

Der Draht sollte etwa 1,2 mm über die Gleisprofile herausragen. Das misst man mit einer selbstgebauten Lehre nach: Es genügt ein 1 mm starkes Blech auf das Gleis zu legen, der Draht sollte dann noch eine Hauch über das Blech hinausragen.

Man kann sich seine »Punktkontakte« auf Vorrat vorbereiten. Ein genaues Maß für die Länge des Drahtstücks spielt dabei keine Rolle, denn die an der Unterseite des Gleises überstehenden Drahtenden werden umgebogen und mit dem nächsten Drahtstück verlötet. Man schafft sich dabei seine eigene Norm.

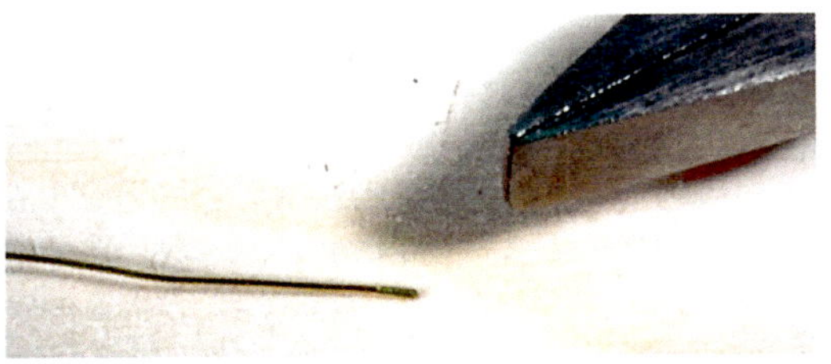

Ein ideales Material für unsere Zwecke ist Messingdraht. Das Material zur Demonstration wurde preisgünstig bei einer Internetauktion erworben (10 Meter zu 1,30, da kann man nicht meckern). Wichtig ist, die Drahtspitzen mit einer Flachzange schon rund zu quetschen.

WISSENSWERTES

Löten von Kupferdraht und »Kupferdraht«

Kupferdraht lässt sich bekanntlich sehr gut löten. Allerdings gibt es im Handel auch »Kupferdraht«, der mit einer durchsichtigen Isolierung überzogen ist. Diese (im Übrigen nicht extra kennzeichnungspflichtige) Isolierung ist kaum zu entfernen, denn es handelt sich nicht wie etwa bei einem Kabel um eine Gummiummantelung. Diese Isolierung scheint regelrecht in den Kupfer eingebrannt zu sein. Vor dem Kauf unbedingt klären, ob es sich um blanken Kupferdraht handelt oder nicht.

Beim Zusammenlöten der Drähte auf der Unterseite des Gleises achtet man auf einen Schutz der Kunststoffschwellen, zu schnell sind sie durch die Hitze des Lötkolbens beschädigt. Bei Zusammenlöten der Drähte werden gleich Stromeinspeisungs- und Isolationsstellen vorgesehen.

3.2.1.3.2. Weichenherstellung

Im Prinzip kann man sich so relativ schnell eine Mittelleiterstrecke mit Zweileitergleis herstellen. Was aber ist mit den Weichen? Und kann man das Gleis denn überhaupt verlegen, unter ihm verläuft doch der Draht? Erwartungsgemäß bereiten die Weichen natürlich Probleme, denn dort kann es sehr leicht zu Kurzschlüssen kommen, etwa wenn der Schleifer in Abzweigbereich das Schienenprofil berührt.

Deshalb müssen folgende Voraussetzungen peinlichst genau eingehalten werden:

- Der Mittelleiter (also unser flachgepresster Draht) muss mindestens 1 mm über die Schienenoberkante hinausragen, und zwar überall.
- Bei Weichen und Kreuzungen muss, im Gegensatz zu den einfachen Streckengleisen, jede Schwelle mit einem Drahtstück

Das braucht seine Zeit, lohnt sich aber: Durchgesteckter Messingdraht wird umgebogen und an der Gleisunterseite mit dem »Nachbarn« verlötet. In der Bettung ist beim Einbau ein passende Aussparung vorzusehen.

versehen werden. Damit wird ein Herunterkippen des Schleifers im Weichen- und Kreuzungsbereich mit nachfolgendem Kurzschluss vermieden.

- Bei der Verwendung von Roco-Line-Gleisen muss eine mögliche elektrische Verbindung der Mittelleiterkontakte zu den Leiterbahnen des Herzstücks und der Schienen zu den seitlichen Steckbuchsen (dorthin kommen normalerweise die Polarisierungskabel der Roco-Weichenantriebe) unterbunden werden.
- Unumgänglich ist beim Bau eine ständige Kontrolle durch einen Schleifer, evt. auch ein Fahrzeug sowie große Sorgfalt.

Somit bleibt nur noch die Frage nach dem Verlegen des Gleises. Unterhalb der Gleise verläuft ja jetzt ein Mittelleiterdraht. Derart ausgerüstetes Gleis ist nicht mehr ohne Bettung zu verlegen. Der Mittelleiter muss also in der Bettung verschwinden.

Man kann einen Ausschnitt in die z. B. Korkbettung einbringen (das geht auch nachträglich, z. B. mit einem kleinen Handbohrmaschine mit Frässtift) oder die Bettung gleich in Form von zwei Streifen aufbringen.

Damit kann schon das Verlegen der Gleise beginnen. Es hat sich gezeigt, dass man die Gleise erst mal lose auflegt, zusammensteckt, punktuell fixiert und elektrisch verbindet. Dann sind ausgedehnte Testfahrten mit unterschiedlichen Fahrzeugen (gute wie schlechte Läufer) angezeigt. Dabei zeigt sich, wo man noch einen Draht justieren muss oder an den Radsätzen eines Fahrzeugs etwas korrigieren muss.

WISSENSWERTES

Radsätze

Da leider auch heute noch nicht alle Fahrzeuge ein korrektes, NEM-gerechtes Radsatzinnenmaß besitzen, muss der Modellbahner immer wieder einmal nachhelfen. Es gibt spezielle Radsatzlehren, etwa bei Fohrmann. Man kann sich aber auch mit einer Schieblehre behelfen um nachzumessen. Mit einem Radsatzabzieher von z. B. Fohrmann lassen sich die Radsätze korrigieren: Man drückt sie ggf. etwas auseinander oder schiebt sie zusammen; aber natürlich nur im Zehntelmillimeterbereich.

Bei ausgiebigen Testfahrten hat sich gezeigt, dass die Masse der Fahrzeuge keine Probleme hat. Aber eine Lok macht garantiert Schwierigkeiten. Das gehört bei unserem Hobby halt auch dazu.

Sind alle Fahrten zur Zufriedenheit verlaufen, kann man das Gleis fixieren, farblich behandeln und schottern. Auf meiner Testanlage läuft der Betrieb nun schon ein knappes Jahr ohne Panne. Ein verstärkter Abrieb der Drahtenden ist nicht feststellbar, auch Kontaktprobleme gibt es nicht. Die Schleifer zeigen keinen verstärkten Verschleiß.

3.2.1.3.3. Selbstbaumittelleiter für den Schattenbahnhof

Geld sparen kann der Märklinbahner beim Bau des Schattenbahnhofs. Dafür wird in der Regel das ältere M-Gleis verwendet, das aber recht laute Rollgeräusche erzeugt, das K-Gleis stellt keine preisgünstige Alternative dar.

Günstiger fährt man mit dem Einsatz eines preislich günstigeren einfachen Zweileitergleises, das auch aus zweiter Hand stammen kann und dann noch etwas günstiger zu erwerben ist. Da es ohnehin im verdeckten Teil der Anlagen zum Einsatz kommen soll, spielt der Umstand des gebrauchten Aussehens keine Rolle.

Sehr gut eignet sich das ältere Roco-Gleissystem mit 2,5-mm-Schienenprofilhöhe. Auf diesem laufen auch ältere Märklinfahrzeuge, niedrigere Profilhöhen sind beim Einsatz von Märklinfahrzeugen ungeeignet.

Man benötigt noch Installationskabel mit einem Durchmesser von 2,5 mm. Wichtig ist, dass das Kabel keine Litze, sondern starren Kupferdraht besitzt. Man kann sich da gut beim örtlichen Elektriker versorgen, aber auch im Baumarkt findet man preisgünstigere Ausführungen, die für unsere Zwecke ausreichen.

Zunächst wird die Isolation entfernt. Das geschieht mit einer speziellen Abisolierzange, man kann auch mit der guten alten Haushaltsschere und guter Rupftechnik zum Erfolg kommen. Das Ergebnis ist ein sehr langes Stück blanken Kupferdrahts. Dieser dürfte sich aber winden wie eine Schlange. Den so gewonnenen, aber gewundenen Kupferdraht spannt man nun mit einem Ende in den Schraubstock. Das freie Ende packt man mit einer Kombizange und zieht so den Draht ruckartige gerade. Damit ist der künftige »Mittelleiter« zum Einbau vorbereitet.

Wie wird der Kupferdraht am Gleis befestigt? Schnell geht es mit Reißzwecken: Man verzinnt die Reißnägel zuvor und steckt sie auf die Schwellen. Der Draht wird nun daraufgelötet. Geschickterweise kann man auf diese Art auch gleich das Gleis im Schattenbahnhof mitbefestigen.

Eine andere Möglichkeit besteht darin, aus Kupferdraht Klammern herzustellen. Sie werden über die Schwellen gestülpt, durch Bohrungen in der Platte geführt und unter der Anlage umgebogen. Nach dem Festlöten des Drahtes an den Reißnägeln oder den Krampen ist der Mittelleiter fertig.

Wie lang sind die Kupferstücke eigentlich? Wegen der Längenausdehnung des Kupfers sollten die durchgehenden Mittelleiterstücke nicht länger als einen halber Meter sein, sonst kann es vorkommen, dass der Draht sich bei kühleren Temperaturen so stark spannt und von den Lötstellen abreißt.

3.2.1.3.4. Alternativer Umbau einer Weiche auf Mittelleiter

Zweileiter-Weichen lassen sich auch auf andere Art als oben beschrieben mit Mittelleiter versehen. Diese Alternative stellt die Stromversorgung nicht mittels Draht sicher, sondern verwendet Kupferblech. In mechanisch wesentlich stabilere Ausführung als oben beschrieben, lässt sich solch eine Weiche leicht versetzen. Auch das Verlegen ist einfacher, entfällt doch der bei obigen Umbauanleitung notwendige Graben in der Bettung. Nachteilig ist der Materialaufwand, da pro Weiche eine Kupferplatte notwendig ist,

Eine Alternative zum beschriebenen Einbau von Punktkontakten ist das Verlegen des Gleises auf Messingblech, wie hier zu sehen. Über Messingnägel wird die elektrische Verbindung zum »Mittelleiterblech« unter den Gleisen hergestellt.

die aber preislich noch im einstelligen Eurobereich angesiedelt ist. Das Prinzip ist einfach: Man verwendet Kupfer- oder Messingblech, über das der Mittelleiter mit Spannung versorgt wird. Das hat den weiteren Vorteil, dass nun z. B. Roco-Line-Weichen durch eine untergelegt Metallplatte des Durchmessers 0,5 mm genau mit Märklin-K-Gleis-Erzeugnissen fluchtet.
Der Umbau gestaltet sich somit wie folgt: Die Weiche wird auf das Messing- oder Kupferblech gelegt und mit einem Filzstift die Umrisse der Schienen entlang nachgezeichnet. Das Blech wird mit der Laubsäge (oder einer elektrische Dekupiersäge) zugeschnitten und »fliegend« an der Weiche befestigt. Beides – Weiche und Blech – wird nun auf ein Sperrholzbrett gelegt und fixiert.
Die Positionen der Punktkontakte werden angezeichnet und anschließend mit einem kleinen Bohrer vorgebohrt, wobei der Bohrer einen leicht kleineren Durchmesser haben sollte, wie die verwendeten Drahtstifte. Als Punktkontakte finden sogenannte Stahl-Senkstifte Verwendung. Man bereitet sie vor, indem sie zuvor im Schraubstock am oberen Ende flach gepresst und geschliffen werden. Man setzt diese Stifte einzeln und von Hand ein. Eine Probefahrt ist nun schon möglich, da die Stifte bereits einen guten Kontakt zum Blech besitzen. Eventuelle Höhenkorrekturen sind jetzt noch durchführbar. Wenn alle Testfahrzeuge die Weiche passieren, kann diese entfernt und vom Blech getrennt werden. Die Drahtstifte werden nun mit wenig Lötzinn am Blech angelötet und die ganze Einheit vom Sperrholz befreit. Die überstehenden Spitzen der Drahtstifte werden mit dem Seitenschneider abgezwackt.
Die Weiche wird nun mit einem dauerhaften Leim an das Blech geklebt – fertig!
Bei sehr schlanken Weichen ist es oftmals schwierig, die Pukos so zu platzieren, das einerseits eine durchgehende Kontaktgabe gewährleistet wird, andererseits der Schleifer nirgends die kreuzende Schiene berührt. Aber auch hierfür gibt es eine recht einfache Lösung: statt den Schleifer so weit anzuheben, das dieser über die kreuzende Schiene gehoben wird, verwendet man die Schiene selber auch als Mittelleiter! Das Prinzip ist wie bei den Zweileiter-Fahrern: Dort wird das Herzstück der Weiche polarisiert, hier wird die kreuzende Schiene polarisiert.
Das Schienenstück muss also zuerst elektrisch getrennt werden. Anschließend wird es je nach Stellung der Weiche entweder an Masse oder an den Bahnstrom angeschlossen. Der Weichenantrieb muss dazu also mit einem zusätzlichen Umschalter ausgerüstet sein. Ein Nachteil sei hier aber noch erwähnt: eine Fahrt mit einer Lok vor der falschen Seite der Weiche her, also das so genannte *Aufschneiden der Weiche*, ist nicht mehr möglich und würde ein Kurzschluss verursachen.

3.2.1.3.5. Weichenlaternen

Die Laterne an die Roco-Line Weiche befestigen ist ganz einfach. An der Weichenlaterne unter dem Mitnehmer das Blech abknipsen. An der Stellschwelle in 2 mm Abstand ein 1,5 mm Loch bohren. Die Bohrung von der Seite einschneiden, Mitnehmer der Weichenlaterne einklipsen, evtl. mit Sekundenkleber sichern. Vorher noch ausrichten und in der Höhe unterfüttern – fertig.

4. Weichenantriebe

Es gibt verschieden Möglichkeiten seine Weichen zu stellen. Am bekanntesten sind die elektromagnetischen Weichenantriebe, die langsam außer Mode kommen. Ihre Stellbewegung – ein plötzlicher Ruck – ist wenig vorbildgerecht. Dafür gelten die Antriebe als sehr zuverlässig und langlebig.

In diesem Kapitel geht es um die verschiedenen Möglichkeiten eine Weiche anzutreiben. Man braucht dafür nicht unbedingt einen Traktor, es geht auch mit einem Elektromotor oder einem Servo. Auch der Umbau von der Stellschwelle zu richtigen Stellstangen wird gezeigt.

4.1. Motorische Weichenantriebe

Seit etwa 30 Jahren sind motorische Weichenantriebe eine Alternative. Ein günstiger Weichenantrieb kommt z. B. von Conrad und ist derzeit für etwa 7,- Euro zu haben.

Solche Weichenantriebe setzt der Modellbahner ein, wenn die Weichenstellung unsichtbar verlaufen soll, denn die elektromagnetischen Antriebe sind zumeist für oberflurigen Betrieb gedacht.

Ehe man sich für das eine oder andere Fabrikat entscheidet, bieten sich wieder Testläufe an. Denn die Investition für Weichenmotoren sind keine geringen und man möchte natürlich kein Geld verschwendet haben, sollte sich beim Betrieb herausstellen, dass die Antriebe nicht ganz das sind, was man sich versprochen hat.

Es werden verschiedene Tests durchgeführt, es gilt einerseits den Antrieb im Dauereinsatz zu testen, andererseits die Montage und Justierung zu erproben.

Nun wird der Conrad-Antrieb etwas genauer betrachtet: Ein einfacher Gleichstrom-Motor treibt über ein Kunststoff-Zahnrad eine Kunststoff-Zahnstange an. Für die Endabschaltung besitzt der Antrieb Blechkontakte. Werkseitig ist der Antrieb mit zwei Dioden ausgerüstet, die beim Betrieb des Motors an Wechselstrom die Polarität wechseln. Zur Funkentstörung verfügt der Antrieb über einen Keramikkondensator, der direkt in die Motoranschlüsse eingeschleift ist.

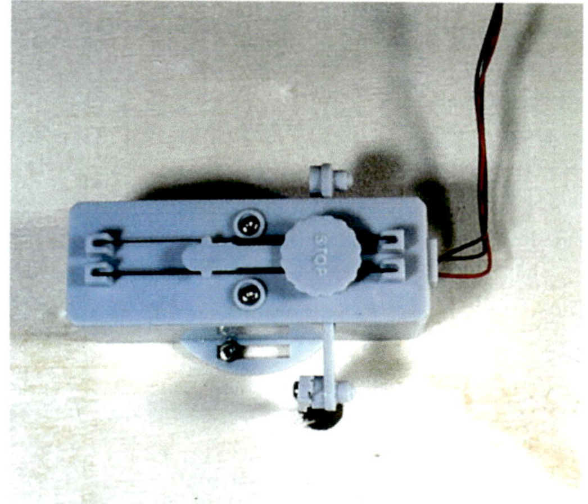

Der Conrad-Antrieb: Man erkennt unten den mittels Schraubverbindung eingeklemmten Stelldraht.

Zwei konventionelle elektromagnetische Antreibe, hier von Roco: Oben ein Unterflurantrieb zum Einbau unterhalb der Grundplatte, darunter ein Oberfluranrieb zum direkten Anbau an die Weiche.

4.1.1. Montage

Speziell für das Märklin-K-Gleis gibt der Conrad-Katalog einen speziellen Montagehinweis. Dieser ist nicht unproblematisch, doch der Reihe nach.
Zunächst wird der Handantrieb abgenommen und zerlegt. Im Gegensatz zur Katalogempfehlung würde ich nicht den ganzen vorderen Bereich des Schalthebels entfernen. Denn durch diesen Eingriff verliert der Hebel gänzlich seine Führung. Es ist vorteilhafter nur einen schmalen Schlitz etwa mittig einzubringen.
Dann wird eine 10-mm-Bohrung ist die Grundplatte eingebracht (die empfohlenen 12 mm sind unnötig groß dimensioniert). Bei dieser Größe kann der Handschalthebel das Loch nachher auch abdecken.

Der zerlegte Märklin-K-Gleis-Stellhebel. Man erkennt den Schlitz im Boden des Stellhebels.

Der abgewinkelte Stelldraht wird durch den Stellhebel gefädelt.

Wird der Stelldraht nun in das Loch gesteckt, darf er nicht vorstehen, weil er sonst den Handschalthebel behindern würde. Aus diesem Grund wird mit der Laubsäge nur ein schmaler Streifen in den Handschalthebel gesägt. Dadurch wird der Schalthebel weiterhin geführt.

4.1.1.1. Problemlösung

Besser ist es, den Draht nicht in eines der Löcher in der Antriebskulisse des Handschalthebels zu stecken. Man bohrt besser ein neues Loch in die Kulisse. Der Schaltdraht wird oben abgewinkelt und von oben eingeführt. Vorteil: Mit dieser Montage lässt sich der Antrieb leichter montieren und justieren. Nun wird der Handantrieb entfernt und nach der Anleitung oben bearbeitet. Die kleine Erhöhung wird mit einer kleinen Fräse oder einem scharfen Messer entfernt. Im Bild ist die Stelle mit dem roten Pfeil markiert. Dadurch lässt sich der Schalthebel leichter bewegen. Der Hebel wird durch den Schaltdraht in Position gehalten, der Schalthebel muss also nicht mehr einrasten.
Anschließend wird das Gehäuse des Handantriebes an die Weiche gelegt und die Position markiert.
Zuerst wird mit einem kleinen Bohrer vorgebohrt, etwa 2 bis 4 mm Durchmesser. Danach mit einem 10 mm Bohrer das Loch bohren. Nun kann der Handantrieb zusammengesetzt werden. Der Draht wird oben abgebogen und versuchsweise eingeführt. Je nach Entfernung des Antriebs wird ein dickerer Draht als die beiden mitgelieferten benötigt. Der Conrad Weichenantrieb wird von unten angeschraubt. Der Schaltdraht wird von oben eingeführt und am Schalthebel des Antriebs festgeschraubt. Es hat sich aber gezeigt, dass diese Schraubverbindung eine der Schwachstellen des Antriebs ist.
Wenn kein Platz unter der Weiche vorhanden ist, weil beispielsweise ein Gleis hier durchführt, kann der Schaltdraht problemlos abgebogen werden. In diesem Fall sollte eine Führung des Drahtes in der Nähe der Durchführung vorgesehen werden, im Bild die

Halbrundkopf-Schraube rechts. Bei längeren Distanzen empfiehlt es sich, den Draht auf der ganzen Länge in einem dünnen Alu- oder Messing-Rohr zu führen. Auf diese Weise ist es möglich, den Weichenantrieb aus schwer zugänglichen Stellen beispielsweise an die vordere Anlagenkante zu versetzen.

Durch die Verwendung einer Lüsterklemme wird die Justierung wesentlich vereinfacht. Die Klemme wird ohne die Isolation verwendet (Schrauben ganz herausdrehen und Klemmenteil aus der Isolation heraus drükken). Das Messingrohr kann in gewissen Grenzen auch im Bogen verlegt werden, wenn der Radius nicht zu klein gewählt wird.

4.1.2. Fulgurex Weichenmotor

An einer Stelle hatte ich immer wieder Schwierigkeiten mit einem Conrad Weichenantrieb. Grund waren die beengten Platzverhältnisse am Anlagenrand und damit verbundenen Schwierigkeiten beim justieren des Stelldrahtes. Ich habe mir deshalb einen Fulgurex Weichenantrieb besorgt, auch um dessen Tauglichkeit zu prüfen. Da dieser wie der Conrad Antrieb zur Kategorie motorische Weichenantriebe gehört, kann er mit dem gleichen Littfinski Weichendecoder angesteuert werden.

Der Stelldraht wird hier durch ein Messingrohr geführt und weitergeleitet. Diese Führung besitzt den Vorteil, dass der Stelldraht dadurch auf seinem Weg unter der Anlage nicht doch einmal beschädigt werden kann.

4.1.2.1 Konfiguration

Der Fulgurex Weichenantrieb ist vom Prinzip her ähnlich wie der Conrad Antrieb: ein kleiner DC Motor treibt über ein Getriebe einen Antriebshebel an. Zwei Endschalter überwachen die Endlagen und schalten die Stromzuführung zum Motor ab. Damit sind die Gemeinsamkeiten der beiden Produkte auch schon erreicht. Der Fulgurex Weichenantrieb ist wesentlich robuster aufgebaut. Hier sorgt ein Schneckengetriebe und Spindel für die Umsetzung der Drehbewegung des Motors

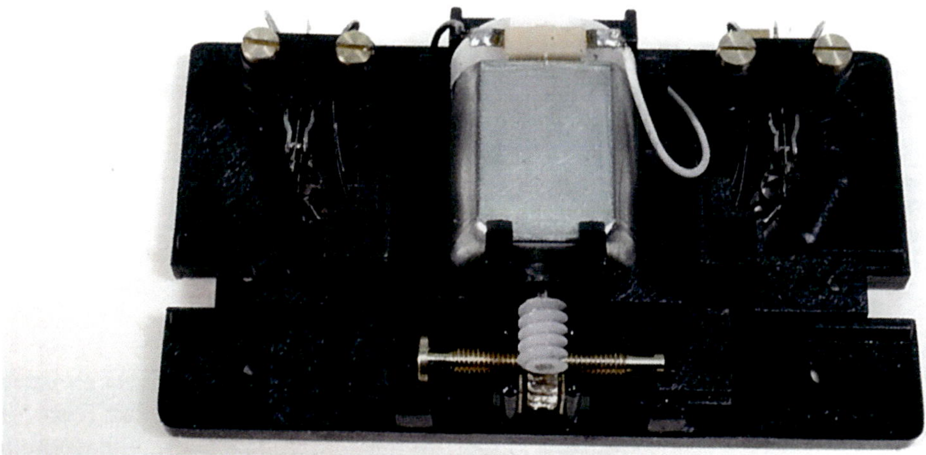

Der Fulgurex-Weichenmotor: Man erkennt in Grau den Motor, der über eine Schnecke die Kulisse (der schwarze Balken mit den kleinen Bohrungen unterhalb der Bildmitte) verschiebt.

Gute Idee: Die Blister-Lieferpackung kann als Staubschutz weiterverwendet werden. Da das Material durchsichtig ist, sieht man auch, wenn ein Draht verrutscht sein sollte.

in eine langsame Hin- und Her-Bewegung des Antriebshebels. Die Endschalter sind sehr robust – was man von denen der Conrad-Antrieb nicht behaupten kann – und können mit 5 A belastet werden. Genug also, um die Stromzuführung zu den Gleisen direkt zu schalten. Zwei Endschalter sind fest verdrahtet für die beiden Endlagen. In jeder Endlage ist ein weiterer Endschalter zur freien Verfügung, beispielsweise für die Herzstückpolarisierung. Reichen diese beiden Schalter nicht, können zusätzliche Kontakte nachgerüstet werden.

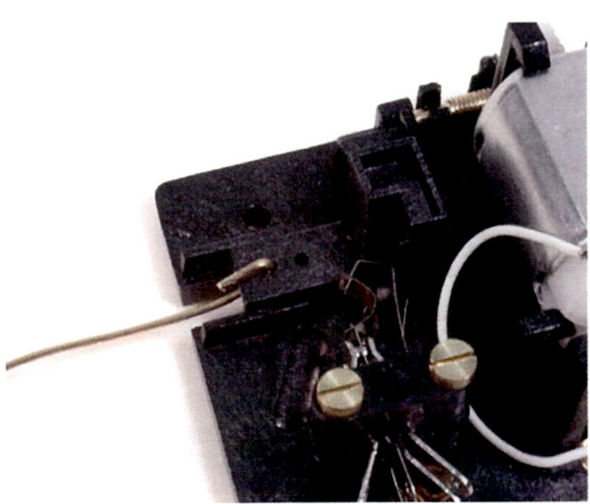

Der Stelldraht wird an der Kulisse durch einfaches Einhängen befestigt.

Der Fulgurex Weichenmotor wird in offener Bauform geliefert. Die Blisterpackung kann im eingebauten Zustand als Staubschutz verwendet werden, die Verpackung ist also nicht Abfall.

Beim Fulgurex Weichenmotor erfolgt die mechanische Verbindung zur Weichenzunge über den mitgelieferten Draht. Im Bild ist der eingebaute Weichenantrieb zu sehen. Unten links ist der Stelldraht gut erkennbar.

4.1.2.2. Montage

Die Montage ist relativ einfach. Da es keine Justiermöglichkeit gibt, muss das Loch für den Antriebsdraht sowie die Befestigung des Weichenantriebs exakt markiert und ausgeführt werden.

Zuerst wird festgelegt, wo der Stelldraht angesetzt werden soll. Daraus ergibt sich die Position für die Durchführung des Drahtes (A, B, C oder D). Hier wird ein Loch mit 1,6 mm Durchmesser gebohrt und das mitgelieferte Messingrohr eingesetzt.
Der Abstand von 19 mm muss exakt eingehalten werden, da der Stelldraht auf der oberen Seite bereits abgewinkelt ist.
Das mitgelieferte Messingrohr wird in die Bohrung gesteckt und der Draht von oben eingeführt. Die Weichenzunge wird nun mit Klebeband in Mittelstellung fixiert. Der Weichenantrieb muss für die Montage ebenfalls in der Mittelstellung sein.
Anschließend wird der Draht unten abgebogen. Hier muss darauf geachtet werden, das der Draht rechtwinklig zum Weichenantrieb und 20 mm vom Loch in dessen Antriebshebel eingeführt wird. Der Winkel des Weichenantriebs zur Weiche hingegen kann beliebig gewählt werden.
Der Draht wird 4 mm hinter dem Loch im Antriebshebel gekürzt und ein zweites Mal abgebogen und in den Antriebshebel eingehängt. Der Winkel zwischen Antrieb und Weiche kann beliebig gewählt werden, was die Montage erheblich vereinfacht und bei beengten Platzverhältnissen ein großer Vorteil ist.
Und so sieht der fertig eingebaute Antrieb von oben aus: Der Stelldraht ist hier zwischen zwei Schwellen durchgeführt und liegt an zwei Punktkontakten auf. Dies ist kein Problem, da der elektrisch gut leitende Messingdraht keinen Kontakt zu anderen Metallteilen hat.

4.1.2.2.1. Fazit

Dieser Weichenantrieb kostet in etwa soviel wie zwei Conrad Weichenantriebe. Das Teil ist aber den Preis wert. Einmal eingebaut, kann sich nichts mehr verstellen oder lösen. Die Weichenzunge wird dabei realistisch langsam bewegt. Durch den großen Stellweg wird die Weichenzunge an beiden Endlagen sicher in Position gehalten. Die Federwirkung wird dabei durch Torsion des Stelldrahtes erzeugt. Als Negativpunkt zu erwähnen sei hier aber das laute Geräusch beim Schaltvorgang.

4.1.3. Servo als Weichenmotor

Die motorischen Weichenantriebe sind ja alte Bekannte, was ihre Verwendung als Weichensteller angeht. Noch relativ neu in dieser Hinsicht sind Modellbau-Servos.

Ein preisgünstiger Servo aus dem Elektro-Versand. In den Servohebel wurde bereits ein Stelldraht eingehängt und festgeklemmt.

Servo

Mit Servo wird im Modellbahnbereich ein Elektromotor und seine zugehörige Regelungselektronik bezeichnet. Ein solcher Motor wird in der Regel mit Gleichstrom betrieben. Angeschlossen wird ein solcher Servo über drei Leitungen, neben der üblichen Spannungszufuhr und Masseleitung gehört auch eine sogenannte Kontrollleitung dazu. Servos werden zumeist mittels Pulsweitenmodulation gesteuert. Denn der Motor soll ja zwischen zwei Anschlägen hin und hergehen (z. B. Lenkungssteuerung).

4.1.3.1. Welche Gründe sprechen dafür, einen Servo einzusetzen?

- Servos werden als weit verbreitete Produkte z. T. recht günstig angeboten
- Durch ihre Kleinheit sind sie für Modellbahner interessant
- Aufgrund ihre Getriebe-Konfiguration sind sie kräftige Antriebe
- Sie gelten als zuverlässig
- Sie arbeiten variabel: langsame wie schnelle Bewegungen sind ausführbar; eingestellt werden Servo über ein spezielles, also vom Servo entkoppeltes und dadurch fernsteuerbares Steuerteil
- Ein Servo ist universell für viele Zwecke bei der Modellbahn einsetzbar

Ehe man einen Servo als Weichenantrieb verwendet, möchte ich empfehlen, erstmal die Technik ein bisschen zu testen. Für ein Kind des mechanischen Zeitalters sind die kleinen Dinger jedoch Neuland. Einen preislich günstigen Servo liefert z. B. Conrad (Typ ES-05 230500, Maße 23,7 x 12,8 x 22,5 mm, Preis 4,95 Euro).

Ein Servo benötigt eine spezielle Ansteuerelektronik. Solche Einrichtungen sind gegenwärtig für die Modellbahn von verschiedenen Herstellern erhältlich und an die dortigen Anforderungen angepasst. Ein solches Steuergerät »versteht« sowohl das DCC-Datenformat wie auch Motorola. Damit sind sie wie normale Weichendecoder einsetzbar.

4.1.3.1.1. Test

Zum Testen bietet sich ein Servotester (Bausatz oder fertig aufgebaut), ebenfalls von Conrad, an. Der Tester benötigt als Spannungsversorgung eine 4,5-V-Batterie.

WISSENSWERTES

Servotester

Mit dieser Einrichtung kann ein Servo auf seine Funktionstüchtigkeit hin überprüft werden. Er dient auch zum Einstellen und Justieren von Servos. Das hat den Vorteil, dass bei der Ansteuerung des Servos nicht die ganze Fernsteuer-/Digitalsteueranlage in Betrieb genommen werden muss. Der Servotester imitiert die Ausgangsimpulse einer Ansteuerung. Die Impulsbreite kann mit einem Potentiometer eingestellt werden.

Der Servotester hier in der Bausatz-Variante von Conrad. Der Zusammenbau dauert für den Ungeübten etwa 30 Minuten. Zum Ausprobieren eines Servos für Modellbahnzwecke genau das Richtige.

Standard-Servos werden für gewöhnlich mit unterschiedlichen Stellarmen (»Servohebel«) verkauft. Man kann diese Stellvorrichtungen auch als Weichenantrieb nutzen.
Für den Test genügt ein Sperrholzbrettchen. Auf der einen Seite wird die Weiche befestigt und ein Loch gebohrt, durch das der Stellvorgang erfolgen soll. Für den Test genügt es, den Servo an der Unterseite des Brettchens mit einem Klecks Heißkleber zu befestigen. Das hält ausreichend, denn die Stellkräfte sind ja nur minimal und vermögen es nicht, den Servo »auszuhebeln«.
Aus Draht (federhart) wird wie im Bild zu sehen eine Art Doppelhaken gebogen, er ist der Stelldraht und wird an dem mit dem Servo mitgelieferten Übertragungsglied (»Servohebel«) befestigt (in der Praxis, also außerhalb der Testumgebung, wird man federharten Draht mit etwa 0,5 mm Durchmesser verwenden. Da die Bohrung im Servohebel gut 2 mm misst, muss man sich mit z. B. einem Messingrohr behelfen, in das der Draht eingeklebt wird). Einfach einstecken, das hält ausreichend. Vor dem Festheften des Servos ist der Draht durch die Bohrung im Brettchen zu fädeln und dann in die Stellschwelle (oder welche Stellvorrichtung man sonst vorgesehen hat) einzuführen. Dann kann es schon losgehen.
Selbst nach einem Dauertest über vier Stunden, in denen der Servo an die 15.000 Stellvorgänge vollzogen hat, machte sich kein Verschleiß bemerkbar. Der Stellvorgang ist vollkommen, die Weichenzungen erreichen jeweils die Endlage und werden sanft an die Backenschienen gepresst.
Die Stellgeräusche sind erträglich. Ein bisschen problematisch an diesem kleinen Servo ist das ruckelnde Verhalten bei langsamer Bewegung. Der Test hat mich überzeugt.

4.1.3.1.1.1. Beim Dauereinsatz noch zu beachten

Wichtig bei Servos ist, dass der Stelldraht zum einen kräftig genug ist, die Weiche sauber zu betätigen; er muss aber auf der anderen Seite flexibel genug sein, damit das Servo in den Endlagen nicht dauernd gegen einen hohen Federdruck arbeiten muss. Denn im Gegensatz zu den herkömmlichen Weichenantrieben versuchen Servos die Position ständig durch nachregeln zu halten. Ist die Spannung durch den Stelldraht zu gross, wird der Stellhebel von seiner Position weggedrückt und das Servo muss versuchen die Position wieder herzustellen. Die Folge davon ist, dass dauernd ein Brummen zu hören ist. Um dies zu vermeiden muss der Stelldraht eine minimale Länge besitzen, um flexibel genug zu sein.

4.2. Die Sache mit der Stellschwelle

Zum Umlegen der Weichenzungen ist im Modellbahnbereich eine sogenannte Stellschwelle weit verbreitet: Eine Schwelle nimmt die Zungen (z. B. über kleine Metallwinkel) auf und bewegt sie von der einen Endlage in die andere. Das ist recht zuverlässig und vor allem robust, schließlich muss sich ein Modellbahnhersteller auf die Funktionalität seiner Produkte auch unter harten Bedingungen verlassen können.
Nun überzeugt so eine Stellschwelle in optischer Hinsicht nicht unbedingt, vorbildgetreu ist sie schon gar nicht. Das Vorbild stellt Weichen mittels Stellstangen. Diese im Modell nachzubilden ist ein lohnendes Unterfangen, gewinnt eine derart umgebaute Weiche doch nicht nur optisch, sondern auf funktionell: Man kann mit diesen Stellstangen die Weiche nicht nur dem Vorbild annähern, sondern auch Weichenlaternen auf recht einfache Weise ansteuern.

4.2.1. Selbst gebaute Stelleinrichtungen

Doch der Reihe nach. Natürlich handelt es sich bei den Bauanleitungen dabei um von mir ausgiebig getestete Umbauten, sodass sie als funktional und zuverlässig empfohlen werden können. Sie eignen sich weniger für das Spiel mit Kindern, da sie eine gewisse

Behutsamkeit im Umgang erfordern, die bei wildem Spielen (womit nichts gegen wildes Spielen gesagt sein soll) vielleicht nicht immer gewährleistet werden kann. Schnell ist ein Draht verbogen.

4.2.1.1. Bau eines Stellstangenantriebs

Der Bau eines recht realistisch wirkenden Stellstangenmechanismus ist kein Hexenwerk. Was wird benötigt?

- Geduld
- Messingdraht (Durchmesser 0,5 mm)
- Metallbohrer (0,6 mm)
- Messing-U-Profil (2 x 1 mm, erhältlich z. B. bei Conrad)
- Polystyrol-U-Profil (3 x 1 mm, erhältlich z. B. bei STEBA Funktionsmodellbau, Adresse im Anhang)
- feine Feile
- feine Zangen
- Lötkolben und Lötzinn
- Polystyrolmaterial (0,5 mm und 0,3 mm dick; erhältlich z. B. über Benderservice, Adresse siehe Anhang)

Die Stellstangen werden aus dem 0,5-mm-Messingdraht gefertigt (bitte harten Draht nehmen, es gibt auch recht weiche Ausführungen, die u. U. nicht so belastbar sind). Für die Stellstangen nimmt man etwa 3 cm lange Messingdrahtstücke. Beide werden wie auf den Bildern zu sehen geformt. Der längere erhält eine etwa S-förmige Krümmung, der kürzere eine L-förmige.

Wie werden die Stangen an den Zungen befestigt? Man fertigt Laschen an, die unter den Schienenfuß der Zungen gelötet werden. Zu diesem Zweck werden aus dem Messing-U-Profil kurze Stücke (etwa 1 cm lang) abgetrennt und an einer Seite plan gefeilt. Auf die plane Stelle kommt ein Klecks Lötzinn.

Das Stückchen wird dann unter die Zunge gelötet. Zuvor aber wird eine 0,6-mm-Bohrung eingebracht, und zwar kurz vor dem Übergang von dem U-Profil auf den plan gefeilten Bereich. Dann werden die beiden Stückchen unter die Zungen gelötet.

Nun müssen die überstehenden Bereiche noch abgefeilt werden. Wichtig ist, dass an

Die beiden Laschen wurden befeilt. Dann wurde ein passendes Loch zur Aufnahme der Stellstangen hineingebohrt. Schließlich werden die Laschen unter die Weichenzungen gelötet. Wenn Lötzinn die Bohrungen verstopft, muss man nochmals vorsichtig nachbohren, dabei aber nicht zu stark mit dem Bohrer drücken, sonst löst sich die Lasche wieder von der Zunge.

Hier sind schon die eigentlichen »Stellstangen« eingefädelt worden. Durch die Abwinkelung entsteht ein gesichertes Gelenk, was für die einwandfreie Funktion wichtig ist.

Mittels zweier U-Profile aus Polystyrol (erhältlich z. B. bei Internet-Auktionen) wird ein Kurzschluss über die Stellstangen zu den Backenschienen verhindert.

den Außenseiten der Zungen, dort wo die Zunge an den Backenschienen anliegt, keine Profilreste überstehen. Sie würden die einwandfreie Befahrbarkeit und das Anliegen der Zungen behindern.

Wenden wir uns nun den Innenseiten der Zungen zu. Auch hier ist das U-Profil bis auf einen kleinen Rest mit der eingebrachten Bohrung abzufeilen. Nun können schon die Stellstangen eingefädelt werden. Mit einer Spurlehre ist das korrekte Maß der Zungen festzulegen.

Dann werden die Stellstangen, die auf der einen Weichenseite etwa 5 mm über das Schwellenende hinausragen, nach unten abgewinkelt (mit einer Zange geht das am besten) und nach etwa 2-3 mm wiederum in die Waagrechte abgewinkelt. Dann werden die Stellstangen am besten über ein Stück Lochrasterplatine verbunden (angelötet). Die Platine verhindert durch die isolierten Lötstreifen eine elektrische Verbindung zwischen den beiden Stellstangen.

Nun gilt es noch zu verhindern, dass an den Backenschienen ein Kurzschluss über die Stellstangen entstehen kann: Es könnte ja die linke Stellstange die Unterseite der rechten Backenschiene berühren. Am einfachsten stellen zwei etwa 5 mm lange Stücke Polystyrol-U-Profil Abhilfe her, sprich sie isolieren. Sie werden einfach unter die Backenschienen und über die Stellstangen geschoben; sie imitieren die vorbildgetreue Blechabdeckung, wie man sie bei Weichen findet.

Damit ist der Stellstangenumbau fast fertig. Bis auf eine kleine, aber mitunter entscheidende Kleinigkeit. Die über Gelenke verbundenen Zungen neigen in diesem Umbauzustand dazu leicht über die Backenschienen hinauszuragen. Das im Falle einer herzstückseitigen Befahrung unproblematisch, kann aber, wenn die Weiche von der Zungenseite her befahren wird, durchaus zu fahrtechnischen Problemen führen, wie gesagt kann, muss aber nicht.

Abhilfe schaffen Polystyrolstreifen mit einer Dicke von 0,3 und 0,5 mm. Sie werden unter den Stellmechanismus und unter die »Blechabdeckungen« der Stellstangen geschoben. Mit den beiden Dicken des Polystyrols lässt sich die passende Unterfütterung durch Probieren herausfinden. Damit ist der Stellstangenumbau beendet und die Weiche kann in Betrieb gehen. In derzeit einjährigem Betrieb hat diese umgebaute Weiche noch keine Probleme bereitet.

4.2.1.2. Ortsgestellte Weiche

Für ortsgestellte Weichen entfällt die Möglichkeit, den Angriffpunkt der Stellstange in der Antriebsattrappe zu verstecken. Im Endeffekt bleibt hier nur die Möglichkeit, mit der Stellstange direkt am Spitzenverschluss an zu setzen, was im Gegenzug jedoch bedeutet, dass die Riegelstange an beiden Weichenzungen ansetzt, demzufolge beide Zungen auch elektrisch miteinander verbindet.

Da dies im Zweileiterbetrieb einen Kurzschluss zur Folge hat, muss anders vorgegangen werden. Das Endergebnis ist eine ansprechende Antriebsattrappe.

Man benötigt:

- Messingrohr
- Messingdraht
- Messing-T-Profil
- U-Profil
- kupferbeschichtete Pertinaxplatte

Zuerst werden von der Pertinaxplatte kleine Streifen abgetrennt und bis auf eine kleine Stelle die Kupferbeschichtung entfernt. Diese Streifen unter die Zunge gelötet (der »isolierte« Teil der Pertinaxplatte zeigt dabei zur Backenschiene), ergeben später eine Klebefläche für die übrige Konstruktion, für die als erstes ein etwa 10 mm langes Stück vom Messingrohr abzutrennen, und auf ein kleines Stück des U-Profils zu löten ist. Ein Loch in dem U-Profil mit dem Durchmesser, das auch die Stellstange haben wird, dient später als Ansatzpunkt um die Weiche zu stellen. Als nächstes benötigt man ein gut 30 mm langes Stück des Messingdrahtes (wird später gekürzt). Nachdem das im vorherigen Schritt angefertigte Messingrohr aufgescho-

ben und per Augenmaß mittig verlötet ist, wird der Draht wie auf den Abbildungen zu sehen gebogen. Zum Abschluss erhalten zwei kleine Stücke des T-Profils eine 0,35-mm-Bohrung, womit sie sich auf den gebogenen Draht aufschieben lassen. Verklebt man die nun fertige Drahtkonstruktion mit den aufgelöteten Pertinaxplättchen, ist die Nachbildung des Antriebs fertig. Hat man den Draht recht großzügig bemessen, kann er zusätzlich noch mit Weichenlaternen von Weinert verbunden werden und diese antreiben.

4.2.1.2.1. Lohnt sich der Selbstbau einer Stellstange?

In jedem Fall, denn die optische Wirkung ist besser, vorbildgetreuer ist es allemal die klobige Stellschwelle zu verbannen. Auch im Hinblick auf die Wiederverwendung älteren Materials kann sich solch ein Umbau lohnen: Denken wir an unseren Modellbahner, der seine Anlage umbauen will. Die Verbindung Stellschwelle/Weichenzungen ist allemal ein heikler Punkt: Hier treffen Metall und Kunststoff aufeinander, also hartes Material und weiches und das muss nicht unbedingt 20 Jahre halten.

In der Praxis ist mir schon manche derart konfigurierte Weiche untergekommen, an der die Zungenbefestigung an der Schwelle ausgerissen ist. Die Betriebssicherheit der Weiche ist dahin.

4.2.1.3. Betriebssichere Verdrahtung gebrauchter Weichen

Man soll es nicht für möglich halten, aber auch Modellweichen sind einem natürlichen Verschleiß ausgesetzt. Es kann immer einmal vorkommen, dass Kontaktbahnen brechen oder eine Lötverbindung dahingeht.

Wer seine Weichen bereits fest eingebaut hat, kommt in solchen Fällen in der Regel um einen Austausch nicht herum. Mann kann beim Neueinbau oder aber beim Überholen der Gleisanlagen gleich für sichere Verbindungen sorgen.

Bei den Roco-Line-Weichen werden die Schienenprofile über Kupferkontaktbahnen elektrisch leitend miteinander verbunden. Nach außen hin stellen Anschlusskelche die Verbindung zu Antrieben her (über die die Polarisierung erledigt wird). Diese Steckverbindung ist nicht unproblematisch. Darum empfiehlt es sich die Anschlussbuchsen zu entfernen (sie wird mit einer Pinzette aus ihrer Lagerung gezogen und dann mit der Zange abgezwickt) und die Anschlussdrähte zur Polarisierung direkt mit den Kontaktbahnen und den Schienenprofilen zu verlöten.

Beim Löten muss man nur darauf achten, dass die Schwellen aus Kunststoff nicht durch übergroße Hitzeeinwirkung beschädigt werden. Man kann eine Lochrasterplatine zwischen zu lötender Kontaktbahn und Kunststoffschwelle unterlegen, aber auch ein nasses Wattebäuschchen oder die »Hitzestopp« genannte Masse (im Bastelshop erhältlich) leistet gute Dienste. Nach dem Anlöten des Kabels wird die Kontaktbahn wieder in die Nut eingedrückt und eine dauerhafte Verbindung ist gewährleistet.

4.2.1.4. Umbau eines Handstellhebels für K-Kreuzweiche 2260

Die Märklin-K-Doppelkreuzungsweichen (2259 und 2260) bieten zu wenig Platz, um einen Stelldraht zur Betätigung mittels Weichenmotor zwischen den Schwellen durchzuführen. Eine Möglichkeit, einen Stellhebel zu platzieren, bietet aber die Kulisse des serienmäßigen Handstellhebels.

Der Märklin-K-Gleis-Stellhebel mit herausgetrenntem Boden um die Reibung des Schalters zu minimieren.

Diese Vorrichtung besitzt schon eine Bohrung, ist aber sehr schwergängig. Die Kulisse des Handstellhebels rastet über eine nasenartige Verlängerung in der Weiche ein und stellt die Zungen. In jedem Fall ist der Kraftaufwand beim Stellen im Originalzustand zu groß, ein Servo dürfte seine Mühe haben.

Wie ist der Stellvorgang leichtgängiger auszuführen. Die Stellvorrichtung besteht im Wesentlichen aus Kunststoff, der einen höheren Reibungswert hat als Metall. Schmieren mit Graphit bringt kaum etwas.

Die Reibung wird verringert, indem ein Teil der Bodenplatte des Handstellhebels herausgetrennt wird. Man kann den Handstelleinrichtung abnehmen und mit einem Bastelmesser vorsichtig von unten einen Ausschnitt einbringen und das überschüssige Stück Kunststoff abnehmen. Nun kann der Stellhebel/die Kulisse mit wesentlich geringerer Reibung bewegt werden.

Der Schalter wurde bereits wieder zusammengebaut. Durch den verkleinerten Boden und die dadurch verringerte Reibung lässt sich der Schalter viel leichter umlegen. Die Weichenstellung bleibt auch im umgebauten Zustand fixiert.

5. Gleisbettungen

Zur vorbildgerechten Nachbildung eines Schienenstrangs im Modell gehört auch eine Gleisbettung. Beim Vorbild fixiert die Gleisbettung die Gleise, nimmt die Druckkräfte vorbeidonnernden Fahrzeuge auf und leitet Regenwasser ab, damit ein Aufschwimmen der Gleise verhindert wird.
Nun soll es darum gehen unsere Gleise schön zu betten. Gezeigt werden die verschiedene preisgünstigen Möglichkeiten einer Gleisbettung sowie die Befestigungsalternativen.

Das Vorbild gönnt sich bei der Gleisbettung verschiedene Ausführungen. Hier sprießt sogar schon frisches Grün unter den Gleisen des Rangierbahnhofs. Im Bahnhofsbereich besitzen die Gleise keinen Damm, das kommt unserer Nachgestaltung entgegen, dort können wir es mit einfachem Beschottern belassen. Auf der freien Strecke aber müssen wir einen Damm nachbilden.

Im Bild drei Böschungsgleis-Systeme. Oben das Märklin-C-Gleis, in der Mitte Fleischmann-Profi und unten Roco-Line mit Bettung

5.1. Gleisbettungen im Modell

Im Modell sieht das etwas anders aus. Hier ist zu unterscheiden zwischen technischer und optischer Funktion. Die Gleisbettung soll die Laufgeräusche der Fahrzeuge dämpfen und sie muss mechanische Einwirkungen aushalten.

In optischer Hinsicht soll sie den Bahndamm nachbilden. Da diese Nachbildung recht mühevolle Arbeit erforderlich macht, stellen Gleissysteme mit fertig angeformten Gleisbetten eine enorme Zeitersparnis dar, sehen aber meist recht unrealistisch aus; in technischer Hinsicht erfüllen sie nicht immer unsere Anforderungen.

Das alte Märklin-M-Gleis schluckte die Fahrgeräusche nicht, das C-Gleis (auch in Gleichstromausführung) ist im Hinblick auf Schalldämmung sehr viel besser, die Böschungen aber sind unrealistisch steil. Das Fleischmann-Profi-Gleis ist zu schmal (was durch Beischottern optisch leicht zu kaschieren ist). Das Roco-Line-Gleis mit Bettung (wird nicht mehr produziert) besaß einen optisch befriedigenden Gesamteindruck, im Weichenbereich musste aber beim Bau an den Bettungen herumgeschnitten werden, was nicht jedermann überzeugend gelungen ist. Zudem muss bei allen Fertigsystemen farblich nachbehandelt werden, da fabrikationsbedingt die Schotterfarbe eben einfarbig ausfällt.

In optischer Hinsicht stellen Gleisbettungen wie Styroplast bereits einen Fortschritt dar. In optischer Hinsicht und was die Dämpfung der Fahrgeräusche anbelangt sind solcherlei geschotterten Strecken sicherlich sehr ansprechend. Nachteilig ist der Arbeitsaufwand (die Böschung muss nach Abbrechen einer Kante selbst hergestellt werden) und die Menge unterschiedlicher Bettungselemente, die etwas Planung beim Bau erforderlich machen. Vorteilhaft, gerade im Hinblick auf die Gleisökonomie und die Wiederverwendbarkeit der Gleise, ist die völlige Verschmutzungsfreiheit des Styroplastsystems. Es gibt noch weitere Lösungen, die wir aber nicht näher behandeln wollen.

5.1.1. Selbsteinschottern

In optischer Hinsicht kommt aus mehreren Gründen nur das Selbsteinschottern in Frage. Keine Methode ist flexibler und führt bei sorgfältigem Arbeiten zu überzeugenderern Ergebnissen. Aber das Selbstschottern ist mühselig, keine Frage.

Aus Kostengründen, gerade bei Großprojekten, greift der Modellbahner gern zu alternativen Materialien. Eine lange Einsatzgeschichte beim Bau von Gleisanlagen haben Kork, Styropor, Schaumgummi, Moosgummi oder Faserplatten hinter sich. Sie haben alle ihre Berechtigung und sind teilweise günstig zu erwerben, sie haben aber eben auch Nachteile.

5.1.1.1. Kork

Kork ist der wahrscheinlich bekannteste Gleisunterbau. Es ist fest genug um Zug- und Druckkräfte aufzufangen, bietet verlegten Gleisen festen Halt, ist in Rollenform günstig zu erwerben (die von Modellbahnzubehörherstellern angebotenen, bereits angeschrägten Korkbettungen kann man nicht als günstig bezeichnen) und dämpft Laufgeräusche. Auch die Form des Bahndamms ist durch Anschrägen leicht nachzugestalten.

Aber: Aus meiner Erfahrung kann ich berichten, dass Kork nicht ewig haltbar ist. An verschiedenen Stellen meiner früheren Anlagen begann das Material stellenweise zu zerbröseln. Woran das liegt und ob es nur billige Ausführungen betrifft, kann ich nicht sagen.

Ebenso ärgerlich ist das Schrumpfen. Da in Modellbahnräumen aus Gründen der Materialerhaltung und Verhinderung von Rostbildung ein trockenes Raumklima (so um die 55 % Luftfeuchtigkeit) herrschen sollte, neigt Kork zum Schrumpfen. Mein Schattenbahnhof wurde auf einfachen Korkplatten aus dem Baumarkt verlegt, die eigentlich als Fußbodenbelag vorgesehen sind. Bald begann das festgeklebte Material »einzugehen«, an den Stoßkanten taten sich Lücken auf. Das stellt nun keine funktionale Beeinträchtigung des Modellbahnbetriebs dar, zumindest im Schattenbahnhof. Die Lücken sind stellenweise höchstens 5 mm breit, die darauf verlegten (mit Nägelchen im Kork fixierten) Gleise haben sich nicht geworfen. Wie es sich mit festgeklebten Gleisen verhält, ist fraglich. Aber wie gesagt, es scheint da unterschiedliche Korkqualitäten zu geben und nicht alle Stellen haben sich gleich verhalten.

Ärgerlicher aber wird es, wenn sich im sichtbaren Teil der Anlage plötzlich Risse in den Bettungsböschungen auftun. Klar, man kann das nachschottern. Trotzdem, wer will schon seine kostbare Freizeit mit nerviger Nachschotterei zubringen?

5.1.1.1.1. Probleme und ihre Beseitigung

Nach einiger Grübelei und berechtigtem Ärger über sich selbst bin ich dazu übergegangen den Kork nach dem Festkleben mit Bootslack (einfacher Lack aus dem Baumarkt, keine Sondermischung) einzustreichen. Das stinkt erheblich (daher unbedingt gut lüften oder am besten seinen Kork draußen streichen, die paar kleben bleibenden Mücken lassen sich verschmerzen) und benötigt einige Tage Trocknung. Dafür hat sich an den derart behandelten Schattenbahnhofsbereichen nach zwei Jahren noch keine Schrumpfungsprozesse gezeigt. Auf den mit Bootslack behandelten Korkplatten lässt sich anschließend völlig freizügig weiterarbeiten, lösungsmittelhaltige Kleber haften sehr gut, auch farblich lässt sich solcherart behandelter Kork gut nachbehandeln.

5.1.1.1.2. Selbst gefertigte Korkbettung

Der mit gewöhnlicher Werkzeugausrüstung recht gut zu bearbeitende Kork erlaubt es uns auf recht einfache Weise das Schotterbett zu simulieren. Auch im Hinblick auf die Geräuschdämmung hilft uns Kork weiter, wenn – und das ist wichtig – keine Schallbrücken eingebaut werden, doch dazu später mehr.

Wie die Erfahrung zeigt, genügen 5 mm dicke Korkplatten, die im Baumarkt zu bekommen sind (und – wie erwähnt – vor dem Einbau mit Bootslack abzusperren sind). Der Zuschnitt ist im Prinzip in wenigen Minuten erledigt. Um die Böschung nachzugestalten gibt es mehrere Verfahren. In der Praxis hat sich bei mir ein »Böschungsmesser« schon mehrfach bewährt.

Mit Bootslack aus dem Baumarkt behandelter Kork neigt nicht mehr zum Schrumpfen. Beim Verarbeiten der zähflüssigen, nicht gerade gut riechenden Masse aber ist für gute (besser sehr gute) Belüftung zu achten, am besten streicht man seinen Kork unter freiem Himmel.

WISSENSWERTES

Selbst gefertigtes Böschungsmesser

Ein Reststück Lattenholzes (etwa 6 x 4 cm) wird auf Gehrung geschnitten (45 Grad) und dann kurz abgesägt. Auf der schrägen Fläche befestigt man ein stabiles Teppichmesser (z. B. aus der Nachfüllpackung für Bastelmesserklingen). Das Messer wird gekippt angeschraubt, sodass die Klinge nach unten über die Kante der Latte herausreicht. Man muss halt gut aufpassen, dass man sich an dem scharfen Messer nicht verletzt. Mit einer Anschlagshilfe (z. B. eine Leiste) kann man jetzt über die Korkplatte fahren und schnell und bequem Streifen zuschneiden. Ggf. muss mehrfach über die Schnittstelle gefahren werden, darum stets auf ein scharfes Messer achten und es ggf. auswechseln, wenn es zu rupfen beginnt. Das funktioniert allerdings nur bei geraden Stellen!

5.1.1.1.3. Befestigung des Korks

Der Einfachheit halber habe ich Kork schon oft mit Weißleim verklebt. Das aber führt zum baldigen Frust: Zwar verbindet der Weißleim den Kork sehr gut und dauerhaft mit der Grundplatte, aber die Schalldämmung ist so gut wie dahin. Bisweilen stellt sich sogar eine Schallverdoppelung ein.

Warum? Wichtig für die Geräuschdämmung ist, dass es keine schallübertragende feste Verbindung von der Grundplatte zur Bettung gibt. Diese tritt aber bei der Verwendung von Weißleim ein.

Zum Verkleben von Kork nimmt man am besten dauerelastischen Kleber wie z. B. Pattex Compact, auch Schmelzkleber verhält sich in gewünschter Weise. Damit ist die geräuschdämpfende Wirkung gewährleistet. Ein Modellbahnkollege hat mir Montagekleber empfohlen, der ebenfalls eine erwünschte Klebewirkung zeigt. Allerdings hat mit die Batzelei mit der großen Spritze nicht so gut gefallen. Pattex lässt sich z. B. mit einem Rakel schnell und sauber auftragen, mit dem Montagekleber habe ich ziemlich herumgeschmiert (das kann aber auch einfach an der Unfähigkeit des Autors liegen).

5.1.1.1.4. Silikonkleber

Keine durchweg guten Erfahrungen habe ich mit Silikonkleber gemacht. Er verbindet zwar Kork mit der Grundplatte in der von uns gewünschten dauerelastischen Weise. Aber bei den erstellten Teststrecken (verschieden dicke Korkplatten verschiedener Anbieter) zeigten sich vereinzelt Unverträglichkeiten zwischen dem Silikonkleber (auch hier wurden verschieden Produkte ausprobiert) und dem Kork: In einem Fall wollte der Kork auf

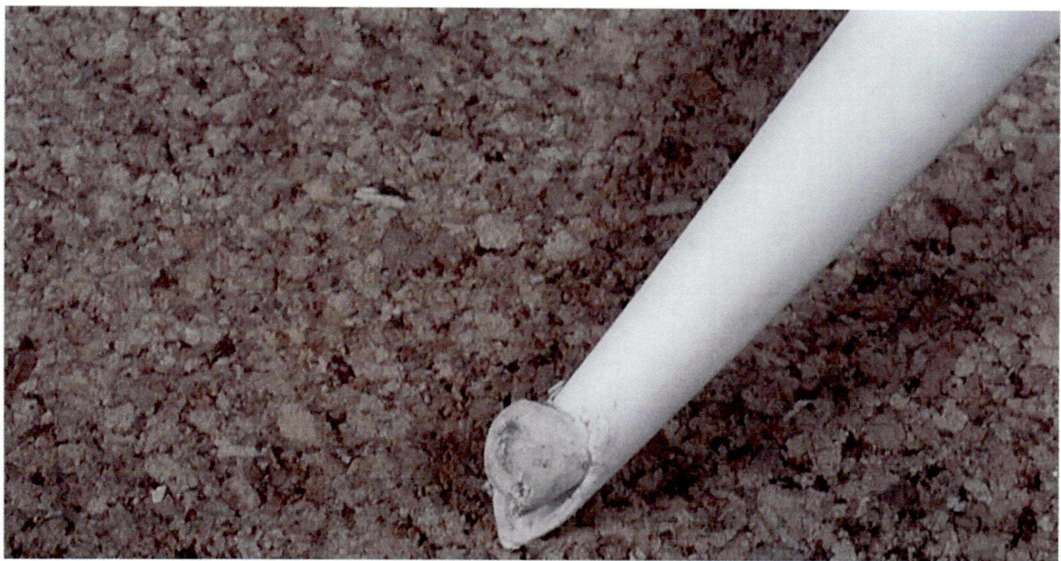

Mit Montagekleber lässt sich Kork schallbrückenvermeidend aufkleben.

dem Kleber nicht haften, in einem anderen Fall begann sich der Kork zu werfen – verblüffend, aber es ist so. Über die Ursachen kann ich als materialtechnischer Laie nur rätseln. Auf Nachfrage hat man mir erklärt, dass ich den Bootslack beim Kork weglassen solle, »dann bleibt's bebba« (auf Hochdeutsch: »dann bleibt es kleben«). Das mag funktionieren, aber trotzdem haben wir wieder das Problem mit dem möglicherweise zerfallenden Kork.

Man kann also nur zu Vorversuchen raten, ein paar Tage warten, und wenn dann sowohl Kleber wie Bettung noch wahrhaftig vorhanden sind und aufeinander kleben, kann man zur Tat schreiten.

Eine andere Möglichkeit mit Kork zu guten Geräuschdämmungsergebnissen zu kommen, besteht darin, die Gleistrassen, die Bettung und Gleis tragen, an der Unterseite mit 3-mm-Kork zu bekleben. Das ganze wird eingebaut, kommt also auf die Stützen in der Landschaft oder sonstige Befestigungen. Das sorgt für sehr leise Fahrgeräusche, ist mir persönlich aber vom Bau her zu aufwendig.

5.1.1.2. Styropor

Das sehr leicht zu beschaffende, recht günstig zu erwerbende Material besitzt hervorragende Dämpfungseigenschaften, ist mechanisch aber zu wenig stabil. Beim Bau plumpst einem mal was Größeres drauf und schon haben wir eine Delle in der Bettung. Die Züge vollführen anschließend eine gelinde Berg- und Talfahrt. Leicht gelingt hingegen die Nachgestaltung des Bahndamms. Dennoch: da lässt man besser die Finger von.

5.1.1.3. Schaumgummi

Greift man zu anthrazitfarbenem Material (erhältlich z. B. im Gummifachhandel) in pas-

Eine Schaumgummibettung mit der Haushaltsschere schräg beschnitten, auf dass eine Bettungsschräge entsteht. Mit ganz kurzen Schnitten kriegt man die erwünschte Schräge gut hin und das ohne Schnittkerben. Aber diese Kerben werden nachher ohnehin mit Schotter überdeckt.

sender Stärke gelangt man zu einem (mittlerweile) nicht mehr günstigen Bettungsstoff. Noch vor etwa 20 Jahren konnte man Schaumgummi für wenige Mark den Meter erwerben. Das ist wohl vorbei.

Schaumgummi ist leicht zu bearbeiten, Böschungen kriegt man mit entsprechend schräg gehaltener Schere und mit ganz kurzen Schnitten sehr gut hin. Die Geräuschdämmung ist hervorragend. Allerding ist Schaumgummi mechanisch nicht stabil, jedoch elastisch, sodass sich keine bleibenden Dellen abzeichnen. Beim Verarbeiten ist höchste Sorgfalt vonnöten.

5.1.1.3.1. Verarbeitung des Schaumgummis

Der Schaumgummi wird dem Gleisplan entsprechend aufgeklebt (hierfür eignet sich Weißleim am besten, manche Kleber lösen Schaumgummi an, darum aufpassen und Vorversuche durchführen). Man fertigt ein Leim-Dispersionsfarbe-Gemisch an (Verhältnis 1:2) und trägt es mit einem breiten Flachpinsel satt auf. Wichtig ist, dass sich der Schaumgummi gut vollsaugen kann. Dann legt man das Gleis darauf und fixiert es mit Stahlstiften. Beim Einschlagen ist Fingerspitzengefühl vonnöten, zu leicht schlägt man einen Stift zu tief ein und das Gleis verläuft anschließend uneben. Jetzt kann schon geschottert werden.

Nach zwei Tagen ist alles getrocknet und man kann die Stahlstifte entfernen. Eine solche Bettung ist, wie gesagt, schwierig herzustellen, aber bietet sehr hohe Geräuschdämmung und stellt eine optisch ansprechende Gleisbettung dar. Zur Haltbarkeit solcherart behandelten Schaumgummis kann ich nichts nachteiliges sagen: Meine entsprechenden Gleisstrecken haben inzwischen 20 Jahre auf dem Buckel, noch bröselt nichts. Allerdings berichteten mir Modell-

Soeben saugt sich der Schaumgummi mit dem per Flachpinsel aufgetragenen Leim-Dispersionsfarbengemisch voll. Dann fixieren Stahlstifte das aufgelegte Gleis. Anschließend werden die Stahlstifte mit viel Fingerspitzengefühl eingeschlagen.

Geschottert worden ist hier mit gesiebtem Vogelsand, was ein sehr preisgünstiges Material darstellt.

bahnkollegen, dass unbehandelter (also weder gefärbter, beschotterter oder mit Leim vollgesogener) Schaumgummi zum Zerbröseln und Nachgilben neigt.

5.1.1.4. Moosgummi

Der relativ teure Moosgummi ist nicht immer und überall zu erwerben, dafür ist er leicht bearbeitbar. Mit schräg gehaltener Schere ist eine Böschung leicht hinzukriegen. Die meisten Qualitäten sind mit den gängigen Klebern (Vorsicht: Weißleim vermindert Geräuschdämmung) zu verarbeiten, Vorversuche sind zweckmäßig, da es auch Moosgummisorten gibt, die von lösungsmittelhaltigen Klebern aufgelöst werden. Der Hauptnachteil des Geräusche sehr gut dämpfenden Moosgummis ist seine mangelnde mechanische Stabilität. Beim Anlagenbau stützt man sich mal unaufmerksamerweise auf einem solchen Stück ab und schon ist eine dauerhafte Delle eingeprägt und der Gummi nicht mehr zu verwenden.

5.1.1.5. Faserplatten

Durch die höhere Festigkeit des Materials ist die Schalldämmung nicht gewährleistet, dafür ist eine solche Gleisbettung sehr stabil. Wer die mangelnde Geräuschdämmung verschmerzen kann, ist mit Faserplatten gut bedient. Denn sie sind günstig zu erwerben und in Baumärkten eigentlich stets vorrätig oder ggf. kurzfristig zu beschaffen. Schwieriger ist die Bearbeitung, mit Schere und Messerchen kommt nicht weit. Man benötigt schon eine gute Säge, mit einem Hobel kann eine Böschung eingearbeitet werden. Verklebt werden kann er mit Weißleim, der aber die Geräuschdämmung aufhebt. Da aber Faserplatten ohnehin kaum Geräuschdämmung gewährleisten, spielt dieser Umstand keine Rolle.

5.1.1.6. Trittschalldämmung

Erst seit einigen Jahren ist dieses preiswerte Material als Gleisbettung im Einsatz. Es bietet eine hohe Schalldämpfung. Die Nachbildung des Bahndamms erfordert (bei größe-

Trittschalldämmung vereint Preisgünstigkeit, mit hoher Schalldämmung und leichter Verarbeitbarkeit.

ren Baugrößen) das mehrlagige Aufeinanderkleben von einzelnen Platten um auf die erforderliche Höhe zu kommen (in der Regel ist das Material etwa 2-3 mm dick). Auch in mechanischer Hinsicht ist es nicht sonderlich stabil, man muss beim Arbeiten schon Sorgfalt walten lassen. Dafür ist es sehr dauerhaft und überaus leicht zu bearbeiten, etwa mit einem einfachen Bastelmesser (es lässt sich mit einem Böschungsmesserchen, siehe unter Kork, leicht auf Gehrung beschneiden). Verklebt werden kann es mit Weißleim (Vorsicht: vermindert Geräuschdämmung) und gute Styroporklebern (die eine dauerelastische Verbindung gewährleisten und damit die Geräuschdämmung aufrechterhalten).

5.1.1.7. Kapa

Kapa ist eine sogenannte Leichtstoffplatte mit pigmentierten Deckschichten und stammt aus dem Grafikerbedarf. Es lässt sich mit allen handelsüblichen Farben und Lacken bearbeiten. Das Material ist formstabil (wichtig für uns Modellbahner, wenn der Keller vielleicht nicht unbedingt knochentrocken sein sollte) und dauerhaft. Zudem ist Kapa feuchtigkeitsunempfindlich.

Man kann also das Gleis direkt darauf verlegen, ohne zuvor mit Bootslack herumzufuhrwerken.

Mit Nägelchen hält das Gleis bis zum Abbinden des Klebers (alle gängigen Klebstoffsorten, auch Heißkleber, sind auf Kapa einsetzbar; natürlich verwenden wir wieder einen dauerelastischen Kleber).

Nachteilig ist sein nicht unbedingt als günstig zu bezeichnender Preis, zudem ist es nicht überall erhältlich. Soll es eine kleine Anlage werden, ist der Preis zu verschmerzen, man will gar nicht glauben wie weit man auch mit einer Platte (gängige Größe 70 x 100 cm) beim Bettungsbau kommt. Vorteilhaft ist die überaus leichte Bearbeitbarkeit: Mit unserem Böschungsmesserchen (siehe unter Kork) lässt sich das Material leicht zuschneiden. Und die Schalldämmung ist sehr gut.

Kapa ist leicht zu bearbeiten und relativ stabil. Durch die Kaschierung können ihm auch feuchte Beschotterungsmethoden nichts anhaben..

5.1.1.8. Neue Materialien

Ein neues Material auf dem Bettungsmarkt sind die Bettungen von TB-Wienke CAD-Cam (Adresse siehe Anhang). Laut Hersteller bestehen die Bettungen aus Gummigranulat und elastischem Kunststoff. Das Material ist für alle handelsüblichen Gleise geeignet und besitzt eine Zentrierung zur mittigen Ausrichtung des Schwellenrostes auf dem Bahnkörper.

Die Bettung von TB-Wienke CAD-Cam

Es hat ein hohes spezifisches Gewicht, wodurch eine hohe Geräuschdämmung erzielt wird. Das Material ist sehr elastisch und lässt sich in alle gewünschte Radien biegen, bis hinunter zum R2. Durch den speziellen Materialmix ist trittfest, Unfälle beim Anlagenbau übersteht es problemlos, es bleiben keine Dellen in der Bettung zurück.

Prinzipiell hat der Hersteller bei den Bogenstücken eine Gleisüberhöhung vorgesehen, der Modellbahner muss diese also nicht erst anbringen. Der richtige Böschungswinkel ist bereits vorgesehen. Zur dauerelastischen Verklebung der Bettungen auf der Grundplatte bietet TB-Wienke passende Kleber an. Das Gleis ist mit handelsüblichen Klebstoffen auf der Bettung zu befestigen, der Hersteller empfiehlt aber, Gleis und Schotter mit dem angebotenen dauerelastischen Kleber zu fixieren um eine optimale Geräuschdämmung zu gewährleisten.

Das Material gewährleistet eine hervorragende Schalldämmung. Derzeit sind Gleisbettungen für H0 und N lieferbar, eine Bettung für H0 ist 33,5 cm lang. Da es noch keine speziellen Bettungen für Weichen gibt, muss mittels mitgelieferter Schablone die Bettung passend zurechtgeschnitten werden.

5.1.1.9. Zusammenfassung

In tabellarischer Form habe ich der Übersichtlichkeit halber einmal alle Eigenschaften, Vor- und Nachteile der bekannten Bettungen zusammengestellt.

Material	Kosten	Eigenschaften
Kork	teilweise günstig, vor allem in Rollenform günstig zu erwerben, nicht immer leicht zu beschaffen	leichte Nachbildung des Bahndamms, geräuschdämpfend, elastisch, relativ leicht zu bearbeiten (scharfes Bastelmesser), aber teilweise wenig dauerhaft (mit Bootslack einlassen)
Styropor	recht günstig, leicht zu beschaffen	leichte Nachbildung des Bahndamms, hervorragende Geräuschdämmung, mechanisch zu wenig stabil
Schaumgummi	relativ teuer	sehr leicht zu bearbeiten, leichte Herstellung einer Böschung, elastisch, hervorragende Geräuschdämmung, komplexe und aufwendige Herstellung einer Gleisbettung, dauerhaft und stabil
Moosgummi	relativ teuer, nicht überall erhältlich	leicht zu bearbeiten, mit gängigen Kleber verarbeitbar, sehr gute Schalldämmung, leichte Herstellung einer Böschungskante, mechanisch wenig stabil und empfindlich
Faserplatte	überall erhältlich, relativ günstig	schlechte Geräuschdämmung, dafür sehr stabil, schwierig zu bearbeiten, gut zu verkleben (Weißleim, aber auch Schmelzkleber), Nachbildung eines Bahndamms schwierig, aber dauerhaft
Trittschalldämmung	überall erhältlich, preisgünstig	Hohe Schalldämmung, leichte Bearbeitbarkeit, mit Weißleim zu verkleben, Bahndamm nur durch Aufeinanderkleben mehrere Schichten zu erreichen
Kapa	nicht überall erhältlich, kein preisgünstiges Material	Hohe Schalldämmung, sehr leichte Bearbeitbarkeit, mit allen Klebern zu verarbeiten
Bettung TB-Wienke	erhältlich nur direkt beim Hersteller	Sehr gute Geräuschdämmung, leicht zu bearbeiten, leicht zu verarbeiten, Böschung und Gleisüberhöhung in Kurven vorgesehen, Weichenbettungen muss derzeit noch mittels Schablonen selbst zurechtgeschnit ten werden

5.1.2. Gleisverlegung

Die Gleisverlegung ist, abgesehen vom Gleissystem und seiner elektrischen Konfiguration, wohl das wichtigste beim Modellbahnbau. Hängt vom akkurat verlegten Gleis doch Wohl und Wehe des folgenden Betriebs ab.

Für die Art der Gleisverlegung sind viele Methoden verbreitet. Wenn es schnell gehen soll, ist das Nageln vielleicht nicht die beste Methode. Beim Nageln läuft man Gefahr den Schwellenrost zu beschädigen oder man schlägt die Nägel zu tief ein, sodass sich der Schwellenrost senkt. Auch die Rollgeräusche sind auf genagelten Strecken durch die als Schallbrücke fungierenden Nägel höher als sie sein müssten.

WISSENSWERTES

Rollgeräusche

Die Reibung Metall auf Metall erzeugt Geräusche, das ist physikalisch bedingt nun einmal so. Über Nägel werden diese Geräusche auf die Anlagengrundplatte übertragen. Diese Platte ist ein hervorragender Resonanzboden, vergleichbar einer Gitarre. Geräusche werden durch sie verstärkt. Eine Modellbahn darf schon etwas Lärm machen, der Takt der rollenden Räder gehört schließlich zu erwünschten Vorbildeindruck dazu. Wenn der Lärm aber zu groß wird, ja nervt, wird der erwünschte Anlageneindruck aber wieder zerstört, das Dröhnen untergräbt jeden Anflug vorbildlicher Illusion. Dann muss Abhilfe geschaffen werden, die nachträglich natürlich ungleich schwieriger ist, als beim Bau.

Wenn Metall auf Metall rollt, entstehen Geräusche, die sich je nach Unterbau mehr oder weniger deutlich bemerkbar machen.

5.1.2.1. Lösungsansätze zur Geräuschminderung

Um die lästigen Geräusche zu umgehen, kann man beim Gleisverlegen statt Nägeln Kleber verwenden. Das Kleben ist da vorteilhafter, aber die festgeklebten Gleise lassen im Gegensatz zu genagelten Gleisen in der Regel keine leichte Änderung des Gleisverlaufs zu. Wünschenswert ist es also in jedem Fall, die nachträgliche Veränderungsmöglichkeit zu gewährleisten, ohne das ganze Gleis wieder herausreißen zu müssen. Mit der im folgenden beschriebenen Klebetechnik lässt sich eine Menge Zeit sparen.

In jedem Fall aber ermöglicht die Klebetechnik eine gute Schallisolierung. Denn eine Verklebung ist in der Regel elastischer als eine genagelte Verbindung und fungiert nicht als Schallbrücke (Ausnahme, wie bereits erwähnt, stellt der Weißleim dar, er härtet aus und übernimmt dann wieder eine schallleitende Funktion).

Zudem gehen Verlegen und einschottern bei der Klebetechnik rasch von der Hand, die nachträgliche Entfernung der Gleiselemente ist gewährleistet.

5.1.2.1.1. Gleisbefestigung durch Kleben

Wie geht man dabei vor? Benötigt werden:

- Doppelklebeband
- Trittschalldämmung
- Bastelmesser (Cutter)
- festere Pappe und Schere

Nachdem der im Gleisplan vorgesehene Gleisverlauf auf die Anlagenplatte übertragen worden ist – hierbei ist ein 10-cm-Raster, das auf die Anlagenplatte übertragen wird, sehr hilfreich –, zeigt provisorisches Auslegen der Gleiselemente, wo noch Fehler der Planung zu beseitigen sind.

> **WISSENSWERTES**
>
> **Raster**
>
> Bei der rationellen Gleisverlegung hat sich ein 10-cm-Raster bewährt.
>
> Man zeichnet es entweder direkt auf die Grundplatte auf. Es erleichtert das Auslegen und Ausrichten der Gleisfiguren.

Ich verwende im Bahnhofsbereich (wo die Gleise ja keinen deutlich wahrnehmbaren Damm haben) seit den ersten, einige Jahre zurückliegenden positiven Erfahrungen Trittschalldämmung, ein etwa 3 mm dickes Schaumpolystyrol (siehe oben). Die Dämmungsplatten werden dem Gleisverlauf entsprechend zugeschnitten. Mit einem scharfen Bastelmesser, dessen Klinge in einem Winkel von etwa 45° geführt wird, kriegt man den Böschungswinkel gut hin (man kann auch das oben beschrieben Böschungsmesser verwenden, das aber in Bogenstrecken nicht eingesetzt werden kann).

Mit einem Bastelmesser oder dem weiter oben empfohlenen selbst gefertigten Bettungsmesser kriegt man die Böschung gut hin.

Auf freier Strecke haben die Gleise wie erwähnt einen Damm, der mit Trittschalldämmung leicht zu imitieren ist. Das Anschrägen spart später Schottermaterial.

Auf breiten Weichenstraßen wird das Dämmmaterial flächig verklebt (mit Styroporkleber, der dauerelastisch ist), in Bereichen, in denen ein Damm wahrnehmbar sein soll, wird die Dämmung aufgelegt und mit Stecknadeln fixiert.
Anschließend wird der Gleisverlauf darauf skizziert.

WISSENSWERTES

Pappschablonen

Für das Skizzieren des Gleisverlaufs bieten sich selbstgefertigte Pappschablonen an. Auf dem Kopierer angefertigte Kopien der entsprechenden Weichen werden auf festere Pappe übertragen und ausgeschnitten. Mit diesen Schablonen – natürlich können auch andere Gleisfiguren kopiert werden, insofern sie auf den Kopierer passen – lässt sich der Gleisverlauf problemlos übertragen.

Dann können die gleisfreien Zwischenräume herausgeschnitten werden – dabei natürlich wieder auf den Böschungswinkel achten.
Die Gleise werden mit Doppelklebeband (»Teppich-Verlegeband«, übliche breite etwa 5 cm) aufgeklebt, es wird zurechtgeschnitten und dem Gleisverlauf entsprechend auf die Dämmung aufgebracht. Man muss bei der Breite von 5 cm (breiteres Klebeband habe ich in Baumärkten nicht erhalten) zwei Streifen zurechtschneiden und aufkleben. Auch die Böschungen werden mit Klebeband versehen, wenn es gelingt, das in einem Arbeitsgang zu machen, spart es Zeit.
Natürlich können die Böschungen auch extra mit Klebeband belegt werden. Dann könnte die Kante zwischen Böschung und Fläche, auf der das Gleis liegt, evt. schwierig zu beschottern sein. Der Schotter soll ja dort später auch seinen Halt finden.
Das braune Schutzpapier des Klebebands wird nicht auf einmal entfernt, sondern immer nur ein Stückchen weit. Die linke Hand führt das Gleis und drückt es zentimeterweise auf das Klebeband, die rechte Hand zieht das Schutzpapier stückchenweise ab.

5.1.2.1.1.1. Einsatz des Doppelklebebands bei Flexgleisen

Flexgleise werden im Prinzip ebenso verlegt. Das noch ungekürzte Flexgleis wird an eine Weiche oder eine bereits bestehende Strecke angefügt und über Schienenverbinder fest verbunden. Man kann es auch anlöten. Da

Stückchenweise wird das Schutzpapier des Doppelklebebands entfernt, gleichzeitig drückt die andere Hand das Gleis Stück für Stück an.

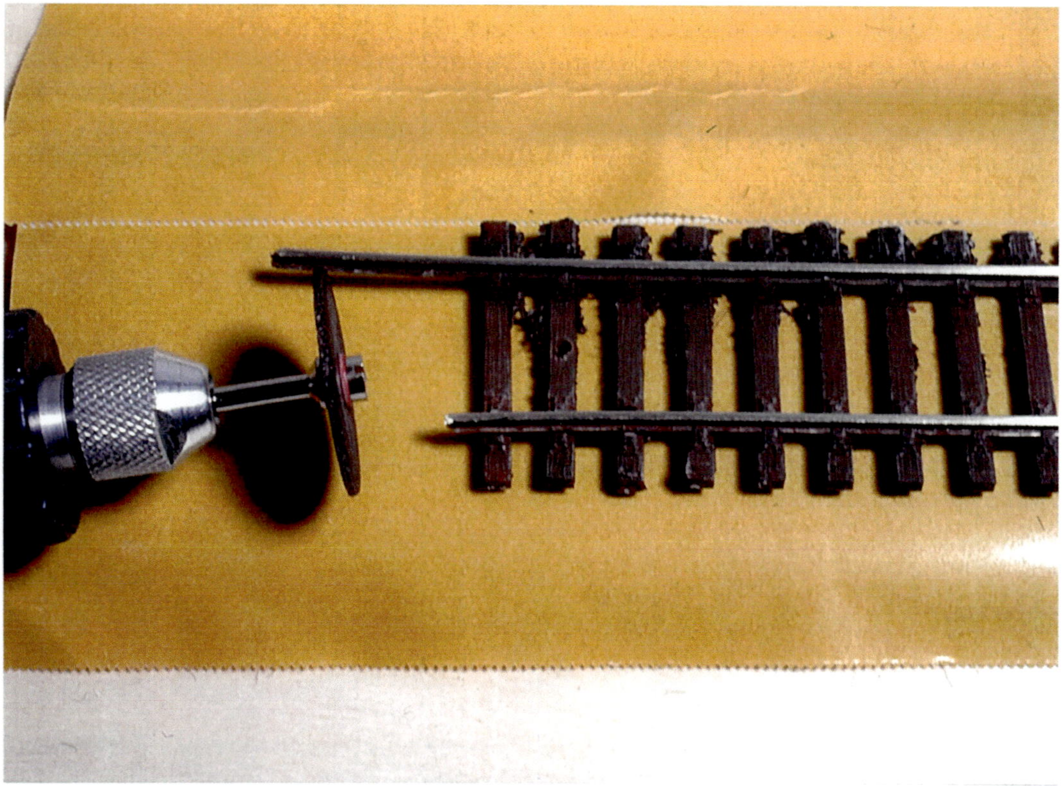

Die Verlegung des Flexgleises entspricht der des »festen« Gleises. Man geht zentimeterweise vor, dann kann nichts schief gehen.

man ohnehin zahlreiche Stromeinspeisepunkte anbringen soll, spielt es keine Rolle, ob so eine Lötverbindung dauerhaft funktioniert (siehe Anmerkungen dazu weiter unten). Es geht hier nur darum das Flexgleis verrutschsicher an eine bestehende Gleisende anzubinden.

Verlöten der Gleisenden

WISSENSWERTES

Immer wieder einmal wird empfohlen im Sinne eines störungsfreien Betriebs die Gleisenden statt mittels Schienenverbindern aneinanderzustecken zu verlöten. Es stimmt: Die Übergangswiderstände, die bei Schienenverbindern auftreten, nehmen ab, Spannungsverluste werden minimiert. Aber: Temperaturschwankungen, wie sie in Anlagenräumen üblicherweise auftreten, machen sich bei solchen verlöteten Gleisen extrem nachteilig bemerkbar. Durch das luftfeuchtebedingte Arbeiten des Unterbaus können Lötstellen aufbrechen und Kontaktschwierigkeiten entstehen. Das Verlöten der Gleise mitsamt den Schienenverbindern ist übrigens vor Brüchen ebenfalls nicht gefeit, wie Hobbykollegen berichten. Die Kombination Schienenverbinder und genügend Einspeisestellen für die Fahrspannung ist, so denke ich, nach wie vor die beste Lösung.

Dann wird wieder das Schutzpapier stückchenweise abgezogen und gleichzeitig das Flexgleis im gewünschten Radius zentimeterweise angedrückt. Natürlich achtet man darauf, dass die Schwellenabstände des Flexgleises gleiche Abstände aufweisen. Nachdem ein Abschnitt fertig verlegt ist, kann das Flexgleis gekürzt werden. Dabei leistet die Trennscheibe gute Dienste. Anschließend wird der Schienenkopf noch versäubert und evt. gerade gefeilt (mit der in dieser Einbausituation zwangsläufig leicht schräg gehaltenen Trennscheibe gelingen selten genau senkrechte Schnitte).

5.1.2.1.1.2. Weichen und ihre Befestigung

Vor dem Einbau der Weichen müssen, wenn die Weiche per Unterflurantrieb gestellt werden soll, die entsprechenden Bohrungen vorgenommen werden. Auch Weichen sollen nicht flächig aufgeklebt werden, die Gefahr, die Stelleinrichtung mit festzukleben ist zu groß. Es genügen zwei bis drei kurze Klebestreifenabschnitte, unterhalb der Weichenstelleinrichtung kann man die Schutzfolie auf dem Doppelklebeband belassen oder schwarzen Karton unterlegen und festkleben.

Um das Festkleben der Stelleinrichtung bei der Klebemethode zu verhindern, erhält die Weiche eine schwarze Pappunterlage. Zudem fixiert man die Weiche nur mit kurzen Doppelklebebandstreifen. Wenn man einen geraden Unterbau besitzt, ergeben sich auch bei punktueller Fixierung der Weichen keine Kontaktprobleme.

Hier wurde wieder mit gesiebtem Vogelsand geschottert. Mischt man verschieden Produkte kriegt man einen recht gut wirkenden »Schotter«, der darüber hinaus auch noch wenig kostet.

Das Verklebeprinzip funktioniert auch bei der Verlegung von Gleisen auf Trassen (etwa bei der offenen Rahmenbauweise).

Ehe es nun weitergeht, führt man ausgiebige Testfahrten (Klebeband lüftet nicht ab, sondern behält auch nach einer Stunde noch seine Klebefähigkeit) durch. Jetzt kann man noch relativ leicht Korrekturen anbringen, die nach begonnenem Landschaftsbau oftmals größere Zerstörungsorgien nach sich ziehen. Läuft alles zur Zufriedenheit, werden auch noch kritische Läufer getestet (Loks wie Wagen). Wenn alles passt, geht's ans Einschottern.

Nun spielt das Klebeband seinen Zeitersparnisvorteil aus: Der nun aufgebrachte Schotter (im Filmdöschen ausschütten und mit weichem Pinselchen verteilen und mit demselben Pinsel festdrücken) hält sofort ohne Nacharbeiten wie Kleber aus der Pipette und Ähnliches. Da kein flüssiger Kleber verwendet worden ist, besteht auch keine Gefahr Schwellen oder Kleineisennachbildungen mit Schotter vollzukleben. Eine recht saubere Sache das!

5.1.2.1.1.3. Nachteile

Ein Nachteil hat die Sache: Die Schotterung ist nicht sehr dicht, der Eindruck eines vorbildgerecht geschotterten Abschnitts stellt sich trotzdem ein. Wem das dennoch nicht genügen sollte, der muss wohl oder übel nachschottern und mit dem üblichen Klebstoffgemisch (Weißleim und Wasser, nebst Spülmittel) den nachträglich aufgebrachten Schotter fixieren. Das liefe aber unserer Zeitplanung zuwider und iost, wie ich meine, nicht unbedingt nötig.

Beim Nachschottern muss unbedingt darauf geachtet werden, dass kein Schotter jenseits der Trittschalldämmung zu liegen kommt und mit der Grundplatte/Trasse verklebt wird. Denn dann erzeugen wir wieder eine Schallbrücke. Wer es verschmerzen kann, auch recht, wer nicht, achtet bitte darauf. Mit einer Schutzschablone (z. B. die abgezogene Schutzfolie des Klebebands), die an die Dämmung herangeschoben wird und darüber rieselnden Schotter auffängt, kann man ungewollte Schallbrücken verhindern.

Das abschließende Bemalen der Gleisprofile (siehe weiter unten unter optische Behandlung) stellt schon den letzten Arbeitsgang dar. Mit der beschriebenen Methode ist ein Meter Gleis in zwei Minuten verlegt, das Einschottern (nur auf Klebeband aufgebracht ohne Nachschottern) ist pro Meter in knapp 5-10 Minuten erledigt.

5.1.2.1.1.4. Veränderungsmöglichkeiten

Da wäre noch ein wichtiger Punkt: Wie werden nachträgliche Veränderungen durchgeführt? Wie man weiß, klebt Doppelklebeband sehr stark, es soll ja schließlich die gute Auslegeware dauerhaft fixieren. Gelingt es tatsächlich Gleise und vor allem Weichen beschädigungsfrei wieder abzubekommen?
Angenommen, man will einen bestimmten Gleisabschnitt zwischen zwei Weichen entfernen. Man durchtrennt das Schienenprofil der Gleise an den Weichen unmittelbar vor und hinter dem betreffenden Abschnitt. Man träufelt dann mit Spülmittel entspanntes Wasser auf den Gleisabschnitt. Im noch feuchten Zustand lässt sich der Gleisabschnitt dann vorsichtig von der Klebeschicht abheben, ein Spachtel leistet dabei gute Hilfe.
Auch Weichen auszubauen gelingt auf diese Weise (darauf achten, dass der Stellmechanismus nicht feucht wird). Dann aber unbedingt einen breiten Spachtel einsetzen, um ein Verziehen der Weiche zu vermeiden. Seitlich eingeschoben und dann hochgekippt, löst er die Weiche vom der Klebeschicht.
Am besten gelingt es, wenn gleich das Gleis mitsamt der (mit dem erwähnten dauerelastischen Styroporkleber befestigten) Bettung herausgehoben wird. Wer dennoch mit Weißleim gearbeitet hat, ärgert sich spätestens jetzt. Man sticht mit einem breiten Spachtel unter die Trittschalldämmung und hebelt den Gleisabschnitt Stück für Stück vorsichtig hoch.

5.1.2.1.2. Wichtige Details am Rande

Wer hohen Realismus anstrebt, bildet beim Bahndamm auch die Entwässerungsgräben links und rechts des Dammes nach. Beim Vorbild sorgen die Entwässerungseinrichtungen dafür, dass der Bahndamm nicht zu sehr durchnässt werden kann. Das könnte sonst seine Funktion – eben die Lasten des Verkehrs aufzunehmen – gefährden.
Auf freier Strecke sind die beiden Entwässerungsgräben neben der Trasse zu finden. Übrigens steht in diesen Dämmen kein Wasser – wenn sie richtig funktionieren. Bei der Nachbildung wäre es also falsch, Wasser mit Klarlack imitieren zu wollen.

5.1.2.1.2.1. Bahndamm und Entwässerungsgraben

Um einen vorbilgerechten Damm (Böschungsneigung etwa 1:1,5, also auf einem Zentimeter Strecke weicht die Neigung 1,5 cm von der Senkrechten ab) nachzugestalten, wird der Unterbau etwas breiter ausgeführt als die eigentliche, in H0 etwa 6 cm breite Bettung. Etwa 11 cm in Baugröße H0 dürften ausreichen. Dann wäre auch Platz für einen sogenannten Randweg, also dem Bereich zwischen Bettung und Damm.
Der Entwässerungsgraben liegt etwa 5 mm unter der Geländeoberfläche und ist gut 1 cm breit (jeweils in Baugröße H0), er ist etwa 1 cm vom Randweg entfernt.
Wie legt man einen solchen Entwässerungsgraben an? Als Grundlage dient eine Platte aus Styrodur oder ähnlichem Schaumwerkstoff. Die Trasse (11 cm breit) wird mit einem Zirkel aufgetragen (alternativ kann man auch eine Schnur und einem Bleistift verwenden), an den Rändern wird wieder mit dem Zirkel der Entwässerungsgraben mit einem zweiten Bleistiftstrich aufgetragen.
Nun wird die Trasse aus dem Material ausgeschnitten und eine Böschung in der richtigen Neigung mit einem scharfen Messer ausgeschnitten. Man muss nur darauf achten, dass das Messer gleichmäßig geführt wird um störende Schnittkerben zu vermeiden.
Nun kann der Graben mit einem Bastelmesser ausgearbeitet und -geschnitten werden, auch eine Raspel ist geeignet. Wer sich Schmitzarbeiten ersparen will, füllt die Umgebung mit Trittschalldämmung (2-3 mm stark) auf und dabei entsteht der Entwässerungsgraben sozusagen von allein.

5.1.2.2. Alternative Befestigung der Gleise

Ein anderer Bereich meiner Anlage wurde konventionell auf Korkbettungen verlegt. Im

Die Gleise werden auf Kork mittels SPAX-Schrauben und Unterlegscheibe fixiert.

Nach dem Schottern werden die Schrauben entfernt, das verbleibende Loch nachgeschottert.

Bahnhofsbereich bieten sich 3 mm starke, unlackierte Korkfliesen aus dem Baumarkt an. Für Streckengleise ist z. B. die Korkbettung (Artikel 3185 von Heki) zu empfehlen. Dieser Kork besitzt einen gewissen Gummianteil.

Die Gleise werden nun mit SPAX-Schrauben (2 x 12 mm) und dazu passenden Unterlegscheiben auf der Bettung fixiert. Es ist nun unbedingt darauf zu achten, dass die Gleise nicht zu fest auf der weichen Bettung eingeschraubt werden, da sie sich in dem relativ weichen Material sonst zu werfen beginnen. »Das sieht ja furchtbar aus«, wird so mancher Hobbykollege sagen. Richtig, ist aber Absicht. Es geht nur darum eine gute und stabile, vor allem leicht zu handhabende Befestigungsmöglichkeit für die Gleise anzuwenden. Die großen Schrauben sind gut zu verarbeiten. Die Schrauben und Unterlegscheiben werden nach dem Einschottern und Trocknen des Klebers wieder entfernt.

5.1.2.2.1. Testfahrten

Nun kommt wieder eine angenehme Aufgabe: Nach der Montage werden Probefahrten durchgeführt, je länger, desto besser. Das funktioniert, weil die Schraubenköpfe sämtlich unter der Schienenoberkante liegen. Das funktioniert sogar mit den bekannten, nach unten bauenden Kadee-Kupplungen.

Nun ist es Zeit, eventuelle Schwachstellen im Gleisverlauf auszubügeln. Durch die großen, leicht zu handhabenden Schrauben ist das Gleis schnell und einfach gelöst und Ungleichmäßigkeiten können leicht korrigiert werden.

5.1.2.2.2. Farbgebung und Schottern

Nach den Testfahrten geht es an die Farbgebung der Gleise und Schwellen. Wie oben erwähnt, würde ich zum Pinsel greifen und Profile wie Schwellen einfärben.

Ehe es ans Schottern geht, empfiehlt es sich verschiedene Schottersorten auszuprobieren. Dafür lohnt es sich ein Teststück anzulegen. Das geschieht vor allem aus dem Grund, da Schotter beim Verkleben nachdunkelt. Mit einigen Testmustern lässt sich die dem persönlichen Geschmack entsprechende Schottermischung festlegen.

Geht es dann ans Schottern haben sich im Lauf der Jahre einige nützliche Werkzeuge bewährt, die es in jedem Haushalt gibt:

eine Auswahl an flachen Pinseln, mit denen sich der Schotter verteilen lässt; auch Löcher lassen sich damit »stopfen«

der Schotter lässt sich mit verschiedenen Streudosen aus den Küchenschrank aufbringen, auch ein einfaches Filmdöschen leistet gute Dienste

einem befreundeten schwedischen Modellbahner verdanke ich den Hinweis, einen Parfümzerstäuber zum Anfeuchten des Schotters zu gebrauchen (bislang habe ich dafür immer eine Blumenspritze benutzt, die recht weitflächig – und eigentlich zu viel – nässt

mit Plastikpipetten vom Apotheker wird der Kleber aufgeträufelt

zur abschließenden Reinigung der Schienen empfehlen sich Weichholzstäbchen, Spiritus und Lappen

5.1.2.2.3. Aufbringen des Schotters

Der Schotter wird zwischen den Schienen aufgestreut und mittels Pinsel zwischen den Schwellen verteilt. Das überschüssige Schottermaterial fegt man entweder zur Bettungsseite hin oder schiebt sie in Richtung der weiteren Arbeiten vor sich her.

Nun werden die Schwellenenden links und rechts der Gleisprofile eingeschottert und erst ganz am Schluss erhalten die Bettungsböschungen Schottergaben.

Es empfiehlt sich immer etwa 20-25 cm lange Abschnitte anzufeuchten und mit Schotterkleber (meistens verwendet man Weißleim-Wasser-Gemisch mit einem Mischungsverhältnis von etwa 1 zu 4, besser 1 zu 3) zu sättigen. Nach einem bis zwei Tagen Trocknungszeit (je nach Luftfeuchtigkeit) ist alles fest.

Nun können die Befestigungsschrauben und Unterlegscheiben entfernt werden. Man muss nun noch die entstandenen Löcher stopfen, auch die Schwellen können evt. noch etwas Farbe vertragen. Abschließend zieht man noch etwas Kreide über Schotter und Schwellen und verleiht dem ganzen etwas mehr Plastizität.

Aus dem breit gefächerten Zubehörsortiment der Industrie kann man sich noch allerlei Details beschaffen und einsetzen: Gleiskontakte, Weichenantriebsattrappen, oder Kabelkanäle verleihen der Gleisanlage den letzten Pfiff.

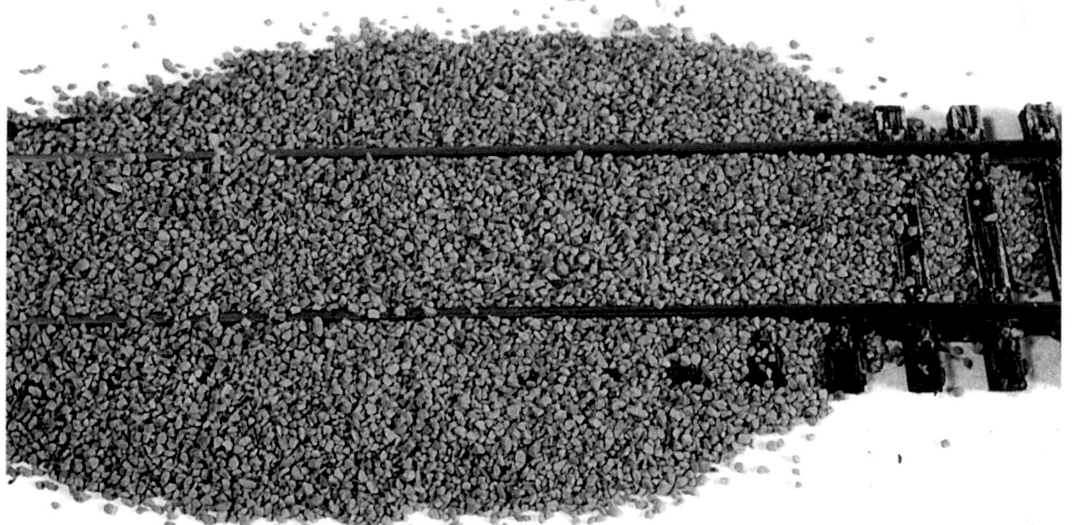

Satt wird der gesiebte Vogelsand aufgestreut.

Mit einem weichen Pinsel gelingt die Feinverteilung der Schottersteinchen. Bleiben einige auf den Schwellen liegen, ist das vorbildgerecht.

6. Optische Optimierung

Nachdem wir uns ausgiebig mit der technischen Verbesserung von Weichen und Gleisen beschäftigt haben, gönnen wir uns jetzt auch noch etwas optische Freude und verschönern die Gleise.
Im nun folgenden Kapitel geht es um die optische Nachbesserung des Gleises jenseits aller Schotterromantik, obwohl ein Stückchen Grünzeug im Schottergrau niemals schadet. Im Mittelpunkt steht die Farbgebung der Gleise und was dabei zu beachten ist, gerade im Hinblick auf die Fahrsicherheit auf der Anlage.

6.1. Farbgebung

Welche Farbe gebe ich meinen Gleisen? Da kann man nur antworten: Kommt darauf an. Fragen, die weiterhelfen, können sein: Welche Epoche soll nachgestellt werden? Welche Traktion wird benutzt? Wieviel Verkehr sollen die Gleise bewältigen? Was wird transportiert? Das alles hat seinen Einfluss auf die Farbgebung.

Es ist klar, dass ein stark frequentiertes Hauptbahngleis im Hinblick auf die Farbgebung anders aussieht als eine stille Nebenstrecke, die ab und an mal einen Schienenbus sieht.

Gut beraten ist man immer mit einem Rostton, niemals aber sieht ein Gleis so unangenehm neu aus, wie unser Industriemodellbahngleis, wenn es aus der Packung kommt

6.1.1. Techniken der Farbgebung

Generell färbt man die Gleise noch vor dem Beschottern, aber nach dem Einbau. In diesem Baustadium erreicht man die Gleise noch bestens und kleckert den Schotter nicht mit Farbe voll. Warum sollte man die Gleise nach dem Einbau bemalen? Wer seine Gleise frisch aus der Packung einzeln und liebevoll bemalt und dann erst einbaut wird beim Hantieren nicht so vorsichtig sein können, dass nicht irgendwo am Schienenprofil die Farbe einen Kratzer abkriegt. Muss man nachlackieren, ebtsteht doppelte Mühe.

Bisweilen differiert der Farbauftrag, beispielweise weil wir irgendwo mit einem neuen Farbdöschen arbeiten. Sind die Gleise zusammengesteckt fallen die Farbnuancierungen hinterher umso deutlicher ins Auge.

Ein Beispiel dafür, dass auch beim Vorbild unterschiedliche Farben rund ums Gleis üblich sind. Man sieht den Strecken eben an, wofür sie geschaffen worden sind und welcher Verkehr darauf abgewickelt wird.

6.1.1.1. Vorsicht beim Farbspritzen

Ich würde im Hinblick auf die Farbgebung den Einsatz eines Pinsels empfehlen. Sicher, mit der Farbspritzpistole geht es schneller und es gelingen sehr feine Übergänge, der Farbauftrag wirkt auch einheitlicher, gleichmäßiger, eben wie aus einem Guss.

Aus eigener leidvoller Erfahrung aber weiß ich, dass Farbe, die mit Druck aufgetragen wird (und das macht eine Farbpistole oder auch Farbe aus der Sprühdose), kann, ich betone, kann Farbe ich bewegliche oder leitende Teile der Weiche gelangen und deren Funktion lahmlegen oder zumindest soweit behindern, dass man seine Freude daran verliert.

So ist es mir bei einigen Roco-Line-Weichen ergangen. Um Zeit zu sparen habe ich diese mit rostbrauner Farbe aus der Spraydose behandelt. Optisch sah das zwar gut aus, aber bald schon stellten sich Funktionsprobleme ein. Obwohl ich die Umgebung der Profile gut abgedeckt hatte, muss Farbe an die Gelenke der Zungen gekommen sein.

Zwar ist es gelungen die Zungen wieder gängig zu machen, verheerender aber ist, dass Farbe ins Innere der Weiche gelang sein muss. Denn dort drehen sich die Zungengelenke in Pfannen und stellen damit gleichzeitig die Stromübertragung in die ja gelenkig gelagerten Zungen sicher (vergleiche hierzu die Ausführungen im Kapitel zu den Weichen). Kurzum: Die Zungen waren stromlos und blieben es. Ein teurer Spaß. Darum beim Einsatz einer Farbspritzpistole sorgfältigst abdecken und niemals mit zuviel Druck und aus zu geringer Nähe arbeiten. Oder einfach einen Pinsel benutzen.

6.1.1.2. Der richtige Rostton

Nach diesem Plädoyer für den guten alten Pinsel zur eigentlichen Farbgebung des Gleises. Bei der Farbgebung würde ich von einem Einheitston abraten. Wer sich beim Vorbild umguckt, wird sehr schnell unterschiedlichste Farbtöne an den Gleisen bemerken. Wer seine Gleise mit dem »Einheitsrostrot« versieht, ist zwar schnell fertig, aber das Gleiserscheinungsbild wäre für meinen Geschmack zu eintönig.

Wahrscheinlicher ist es doch, dass eine Abstellgruppe still vor sich hin rosten darf, wohingegen die Durchgangsgleise gar nicht so alt werden dürfen. Sie werden öfter ersetzt und weisen zwangsläufig einen anderen Rostton auf als die Güterschuppenzufahrt oder das gemütlich vor sich hin verrottende Gleisensemble dort hinten. Ein bisschen Mühe und Phantasie zahlt sich in jedem Fall aus.

WISSENSWERTES

Rost (Korrosion)

Der allgegenwärtige Rost ist das Ergebnis eines Oxidationsprozesses. Dabei bildet sich an feuchter Luft oder im Wasser auf eisenhaltigen Oberflächen eine rotbraune, bröckelige Schicht aus Eisenoxiden. Zeigen unsere Gleise nach einiger Zeit Rost, ist dieser Platz für eine Modellbahn absolut ungeeignet. Geringe Rostspuren kann man mit feinem Schleifpapier entfernen, sollte aber dennoch den Ort wechseln. Ein vermeintliches Geheimrezept ist Rostumwandler (eine Substanz, die mit Rost reagiert und dabei eine Verbindung bildet, die weitere Korrosion verhindert). Auf Fahrzeugen (in erster Linie am Gehäuse und in der Mechanik, nicht unbedingt auf stromleitenden Teilen) kann man mit ihm Rostspuren beseitigen. An Gleisen aber kann er nicht unumschränkt eingesetzt werden. Mal wieder müssen Vorversuche empfohlen werden, denn manche Rostumwandler beseitigen zwar den Rost, aber be- oder verhindern gar die erhoffte elektrische Leitfähigkeit des behandelten Gleises.

6.1.1.3. Weitere Details

Nach dem sorgfältigen Entfetten des Gleises mittels Pinsel und Spiritus kann schon das Bemalen, »Einschmutzen« beginnen, oder wie heißt es doch heute gleich? Richtig, »weathern«.

Die Holzschwellen streicht man mit einem holztonähnlichen matten Braun. Teerschmiere imitiert ein nach dem Trocknen übergepinseltes stark verdünntes Schwarz. Der Freund des Echtholzes greift zu Beizen, die den Schwellen ein sehr natürliches Aussehen verleihen.

Auf schwach frequentierten Gleisen herrscht ein ockerfarbener Rostton vor.

Wird vor dem Einfärben leider oftmals vergessen: Das Entfetten des Gleises sichert den dauerhaften Halt und die gleichmäßige Verteilung der Farbe auf den Profilen.

Kreide hebt die Schwellen auf einem Fleischmann-N-Profi-Gleis hervor. Optisch wurde die zu kurze Schwellenlänge durch Nachschottern optisch kaschiert – ein empfehlenswertes Vorgehen bei Gleissystemen mit zu kurzen Schwellen.

Kreide kann auch aus Schotterbettungsgleis noch einiges herausholen: Der weiße Staub setzt die »Schotter-Zwischenräume« zu und verleiht dem Gleis optische Plastizität.

Empfehlenswert ist auch der abschließende Einsatz von Kreide. Wer die teurere Künstlerkreide besitzt, kann sie verwenden, aber auch einfache Schultafelkreide genügt für unsere Zwecke. Man führt die Kreide ohne Druck über die Schwellen und streift dabei etwas Kreide ab. Das Ergebnis ist eine Hervorhebung der Schwellenmaserung. Man sollte allerdings noch mit etwas mattem Klarlack das Ganze abriebfest machen, denn bei der nächsten Putzaktion ist dann der ganze Schwellenzauber wieder futsch.

Seinen Schienenprofilen gönnt man selbst angemischte Rostfarbe, die im Handel erhältlichen Rosttöne sind für meinen Geschmack zu grell. Nach dem Trocknen empfiehlt sich ein nochmaliges Überpinseln mit verdünntem hellbrauner Rostfarbe. Das gibt dem Gleis den letzten Schliff, lässt doch dieses »Drüberhuschen« ganz feine Farbnuancen entstehen, die dem Gleis ein individuelles Äußeres, vor allem aber sehr viel erwünschte Patina, ja fast schon Charakter geben.

6.1.1.4. Gleisumfeld

Wenden wir uns dann dem Gleisumfeld zu. Auf stark befahrenen Strecken lagert sich Flugrost ab. Nach dem Einschottern und dem Durchtrocknen des Schotters wird mit dem Pinsel stark verdünnte Rostfarbe aufgetragen. Man kann die Intensität des Flugrostes durch mehrmaliges Auftragen steigern. Im Gegensatz zur sehr gleichmäßig sprühenden Spritzpistole kann man mit dem Pinsel nicht nur nuancieren, sondern absolut vorbildgerecht die Farbe in die Schottersteinchen einspülen, geradeso wie es der Regen in der freien Natur auch macht.

6.1.1.5. Schotterbettungsgleis

Die Gleissysteme mit angeformtem Schotterbett kommen in optischer Hinsicht nur mit einigem Aufwand an die Wirkung selbst geschotterter Gleisstrecken heran. Man könnte am einfachsten diese Gleise mit Schotterbett nachträglich schottern. Das garantiert zwar eine gute optische Wirkung, führt die Idee der Fertigschotterbettung aber ad absurdum. Eigentlich will man ja mit einem solchen Gleis Zeit sparen und nicht die gesparte Zeit mit dem mühseligen Beschottern wieder verbrauchen. Wer sich für solch ein System entscheidet, dem ist die optische Benachteiligung sicherlich bewusst.

6.1.1.5.1. Farbliche Nachbehandlung von Schotterbettungsgleis

Schneller, sinnvoller und bequemer ist die farbliche Nachbehandlung eines solchen Fertigsystems. Die immer wieder empfohlenen Pulverfarben sind in gesundheitsgefährdender Hinsicht nicht unbedenklich, obgleich es sicherlich Ausnahmen gibt.
Um ganz sicher zu sein, verwendet man Wasser- oder Plakafarben. Sie sind mit Wasser verdünnbar, unbedenklich und man kann mit ihnen nass in nass arbeiten, was schöne Ergebnisse bringt. Das es sich bei den Gleissystemen mit Fertigbettung um Kunststoffbettungsmaterial handelt, muss den Wasserfarben ein Spritzer Spülmittel beigegeben werden, aber wirklich nur ein Spritzer, sonst schäumt das Ganze.
Zunächst wird das Schotterbett mit dunkleren Farben (Braun, Schwarz, dunkles Okker) behandelt. Dabei achtet man darauf, dass die Farbe in die Vertiefungen des Schotterbetts gelangen kann. Warum? Der dunkle »Boden« wird später nach dem Trocknen die Tiefenwirkung und vor allem die Plastizität der »Kunststoff-Schottersteinchen« erhöhen.
Im nächsten Schritt wird die Wasserfarbe nur noch fast trocken mit dem Pinsel aufgenommen, also mit sehr wenig Wasser – wir wollen ja die dunkel angelegten Schotterzwischenräume nicht wieder ausspülen (das ist ein echter Nachteil der Wasserfarbenmethode, zugegeben). Mit z. B. einem helleren Grau oder schmutzigen Weiß werden nun die »Schotterspitzen« angelegt. Mit etwas Kreide (siehe oben) kann man weitere Nuancen setzen.
Um die Wasserfarbe abriebfest zu machen, streicht man seine Gleise noch mit mattem Klarlack. Es geht aber auch ohne, wenn man beim Putzen der Schienenprofile nicht zu wüst zu Werke geht und gleich das ganze Gleis mit Reinigungsmittel benetzt.

Soeben ist das Schotterbett dieses Märklin-C-Gleises satt mit dunklen Wasserfarben eingelassen worden, wie man am seidigen Glanz noch unschwer erkennen kann.

Mit »trockenem« Weiß wird nun darüber graniert, dabei entsteht die erwünschte Tiefenwirkung.

Mit etwas Kreidestaub kann man feine Akzente setzen: Hier wird mit einem weichen Pinsel der Staub über die Schwellen gestrichen, was deren Tiefenwirkung erhöht.

6.1.1.5.2. Schottertipp für Roco-Line mit Bettung

Auch wenn das Roco-Line-System mit Bettung mittlerweile nicht mehr hergestellt wird, so ist es doch noch einigermaßen weit verbreitet. Man kann es nach dem oben beschriebenen Rezept färben, oder auf folgende Weise sehr schnell beschottern (obwohl das wie oben erwähnt nicht unbedingt sinnvoll ist, aber wer seinen Gleisen ein neues Erscheinungsbild verschaffen will, warum nicht?).

Schnelles Beschottern eines Roco-Line-Gleises mit Bettung: nachdem der Gleisrost entfernt worden ist…

…trägt man Weißleim auf und drückt anschließend das Gleis wieder in die Vertiefung hinein. Der Nachteil: Das Gleis ist nun ewiglich mit der Bettung verbunden und lässt sich nur durch ein Bad in Wasser wieder trennen.

Drübergestreuter Schotter bleibt nur da haften, wo er soll, nämlich dort, wo Kleber die Schotterbettung benetzt hat.

Dabei macht man sich die Sandwichweise des Roco-Line-Gleises zunutze: Der Schwellenkörper wird mitsamt dem Gleis (das Gleisjoch also) aus der Bettung genommen. Das geht am leichtesten, wenn das Gleisstück umgedreht wird und mit einer Zange der Rost behutsam abgezogen wird. Ist das Gleis bereits verlegt, muss man von oben das Gleisjoch behutsam abziehen. Mit Fingerspitzengefühl geht das.

Dann wird der Bettungskörper mit Weißleim eingestrichen und das Gleisjoch wieder eingesetzt. Um ein späteres Entnehmen des Gleisjoches zu gewährleisten, achtet man darauf, dass in die Aussparungen des Bettungskörpers kein Leim gerät, er würde sonst das Gleis fest verkleben und ein Zerlegen wäre unmöglich.

Nach dem Einlegen des Gleisjoches wird dieses festgedrückt (bei bereits verlegtem Gleis) oder bei noch losem Gleis wieder mit dem Kunststoffrost zusammengedrückt. Nun wird Schotter in reichlicher Menge über das Gleis gestreut und das Gleisstück anschließend zum Trocknen beiseite gelegt.

Nach dem Durchtrocknen, also nach etwa zwei Tagen, wird der überschüssige Schotter abgeklopft oder abgesaugt (bei fest verlegtem Gleis) und schnell ist ein perfekt geschottertes Gleis fertig. Pro Gleisstück muss man nach dieser Methode mit weniger als einer halben Minute rechnen.

6.1.1.5.3. Farbgebungstipp für C-Gleis

Das C-Gleis von Märklin/Trix lässt sich rasch optisch aufpeppen. Mit einem Feinhaarpinsel wird rostbraune Farbe auf die Schienenprofile aufgetragen. Mit einem großen runden Malerpinsel wird dann die Farbe links und rechts des Profils verteilt und eingear-

Die Schienenflanken sind soeben einer selbst angemischten braunroten Farbe gestrichen worden.

Der große Malerpinsel arbeitet die Farbe nun in die Bettung ein.

Fast trocken aufgetragenes Weiß setzt die erwünschten Spitzen; das Schotterbett setzt sich dadurch von den Schienen und der unmittelbaren Umgebung der Profile optisch ab.

beitet. Das geschieht durch rasches Hin- und Herbewegen des Malerpinsels. Mit einem Weichholzstäbchen wird nach dem Trocknen der Farbe sämtliche Farbe von den Schienenoberkanten (Massekontakt) entfernt. Abschließend graniert ein fast trockener Pinsel mit ganz wenig Weiß noch über das Schotterbett und die Schwellen; dieser Arbeitsschritt betont die Spitzen der Schottersteine und erhöht deren plastische Wirkung.

6.1.1.5.4. Finish

Man verzeihe dem Autor, dass er nun auch zum Englischen greift, aber der Begriff passt hervorragend für die abschließende Detailbehandlung des Gleises. Mit etwas Phantasie kann man aus seiner Gleisstrecke etwas ganz besonderes machen.

Bei Weichen legt man die mechanisch bewegten Teile ölig schwarz an, das kopiert die Schmiere des Vorbilds. Wasserpfützen auf den Schwellen, etwa in der Nähe von Haltestellen, imitiert hochglänzende silberne Farbe (silbern, weil sich darin der wolkige Himmel spiegelt) oder einfach nur ein Tropfen Klarlack; Ölspuren, etwa der berühmte Tropfen auf den Schwellen, der vom Dampflokverkehr kündet, lassen sich mit mattschwarzer Farbe anlegen.

Natürlich sind noch weitere »Einsatzfälle« für Farben denkbar, etwa das Sanden an Steigungsstrecken, schimmernder Treibstoff an der Dieseltankstelle.

6.1.1.6. Reinigung

Was nutzt das tollste Gleissystem, wenn man ihm nicht ein Mindestmaß an Pflege angedeihen lässt? Eben. Ich will mich hier zur Gleispflege nur kurz fassen, an dieser Stelle sei auf die entsprechenden und ausführlichen Ausführungen im Band 1 dieser Reihe: Jetzt helfe ich mir selbst: Modellbahn-Lokomotiven pflegen, warten und erhalten (Stuttgart 2008) verwiesen.

Für die Gleispflege gibt es zahlreiche Hilfsmittel der Industrie, vom Waggon mit Reinigungseinsatz über Gummischleifblöcke bis hin zu allerlei Tinkturen. Empfehlenswert für

Ölig glänzen die Schwellen im Gegenlicht, der Eisenbahnfreund gerät ins Schwärmen. Ehe er sich aber ganz vergisst, sollte er lieber bemerken, dass der Ölglibber völlig unregelmäßig auf den Schwellen verteilt ist - beim Nachgestalten ein wichtiges Detail.

die laufende Pflege ist ein Waggon mit einem Reinigungseinsatz nach dem System Jörger. Das ist ein Reinigungsfilz, der im Gegensatz zu Waggons mit Gummischleifkörper die Gleisoberfläche nicht beschädigt.

Alternativ kann man sich auch einen Wagen mit Feuchtreinigung selber bauen (Herkat liefert z. B. einen solchen Wagen): Ein ausgedienter offener Waggon erhält einen passenden Holzeinsatz und ggf. etwas Bleigewicht. Von unten wird (am besten abgefedert) eine Schleifplatte befestigt, am einfachsten über eine simple Verschraubung. Darauf lässt sich z. B. mit Doppelklebeband ein nicht fusselndes Stück Stoff befestigen. Dieses Stoffstück wird mit Reinigungsflüssigkeit benetzt und das Fahrzeug per Hand, an unzugänglichen Stellen per starker Lok über die Gleise gezogen.

Natürlich sind die Gleise von Zeit zu Zeit abzusaugen. Wer eine Autostaubsauger hat, kann recht schonend arbeiten. Der gewöhnliche Staubsauger wird durch Überstülpen eines Damenstrumpfs über das Saugrohr »entschärft«: Versehentlich eingesaugte Details wie Männlein und Tännlein bleiben so vor dem Verschwinden im dunklen Tief eines Staubbeutels verschont.

Ansonsten bietet sich für eine ab und an vorzunehmende gründliche Reinigung einfacher Spiritus an. Er löst Fett und verdampft rückstandslos von den Gleisen. Man trägt ihn mit einem fusselfreien Tuch auf und wischt den gelösten Schmutz gleich mit

Was der freundliche Herr von der Putzmittelfirma da wohl in seinem Köfferchen hat? Das Geheimwundermittel für ewige Kontaktsicherheit im Modellbahnbereich etwa?

Auch wenn der Zahn der Zeit an dem Schild wie an der der heimischen Modellbahn nagt, beide werden bleiben.

weg. Bewährt hat sich aus das Schienenreinigungsöl SR 24, das in Modellbahnfachgeschäften erhältlich ist.
Zur Reinigung von Kreuzungen und Weichen (z. B. im Herzstückbereich, in den Radlenkern) bieten sich Reinigungsstäbchen an (»Q-Tipps«), die man in Spiritus taucht. Mit diesen Stäbchen lassen sich auch die Zungen einfach und rasch reinigen.
Nach dem Reinigen empfiehlt es sich mit einem leicht öligen Läppchen über sämtliche Schienenoberflächen nochmals zu wischen. Der leichte Ölfilm schützt und konserviert das Gleis und sorgt für eine gute Leitfähigkeit. Zudem verhindert er die gefürchtete Funkenbildung, die auf dem Gleis regelrechte Brandflecken hinterlassen kann. Das würde die Leitfähigkeit des Gleises erheblich beeinträchtigen und den erhofften Fahrspaß verhindern.
Mehr Reinigungs- und Pflegearbeit ist eigentlich nicht vonnöten um den Spielspaß mit einwandfreiem Gleis aufrecht zu erhalten.

6.1.1.7. Einem Feind auf der Spur

Seit einiger Zeit kann man in Internetforen, aber auch als aufmerksamer Zuhörer bei Unterhaltungen von Modellbahnern immer wieder feststellen, dass frisch der Verpackung entnommene Industriegleise offenbar mit einer geheimnisvollen Flüssigkeit behandelt worden sind. Denn wie sonst kann man die merkwürdigen Kontaktschwierigkeiten auf dem Gleis erklären? Für diese offenkundige Behandlung, »vermutlich aus Konservierungsgründen«, wie man lesen kann, wird sogar schon der Begriff »Dust« vorgeschlagen.
Auf Nachfrage erklären große Gleishersteller, dass ihre Produkte nicht mit speziellen Flüssigkeiten zur Konservierung behandelt werden, die möglicherweise die elektrische Leitfähigkeit beeinträchtigt. Vielleicht nutzt ja das gute alte Entfetten der Gleise vor dem Einbau?

7. Schlusswort

So, genug gesägt und gelötet, genug von Gleisen und Weichen, deren Konstruktion und Bau. Ziel des Buches war es, dem Modellbahner Lust aufs Herrichten älterer Weichen, deren betriebssichere Aufrüstung und optische Gestaltung zu machen. Wenn der eine oder andere Hobbykollege nun mit seiner Bahn viel Freude hat, ist dieses Ziel erreicht worden.

Gerade die Erhaltung der eigenen Gleise ist angesichts der Verwerfungen auf dem Modellbahnmarkt notwendiger denn je. Da gibt es das eine Gleissystem nicht mehr, weil es der Käufer des altgedienten Unternehmens als überflüssig erachtet. Das wird das andere Gleissystem ausgedünnt, weil die Nachfrage zu wünschen lässt. Die erhoffte Weiterentwicklung eines weiteren Gleissystems bleibt aus, weil dieser kostenintensive Prozess keine ausreichenden Gewinnchancen besitzt. So ist es halt heute auf dem Modellbahnsektor im Allgemeinen und dem Gleisbereich im Besonderen.

Unverständlich erscheint es mir aber, wenn Hobbykollegen aus lauter Frust über »unzulängliche Gleise«, wie sie sagen, der Modellbahnerei abschwören. Kann es sein, dass man sich da selbst im Weg steht? Hat man den ursprünglichen Antrieb aller Modellbahnerei, die Freude am Spiel, offenbar verloren? Wieso können manchen Menschen ein zu hohes Schienenprofil, eine zu steile Endneigung oder ein zu klobiges Herzstück die Freude an der Modellbahn vermiesen? Bisweilen kann man als Zuhörer in Modellbahngeschäften oder auf Börsen den Eindruck gewinnen, dass Modellbahn bloß noch Frust zu sein scheint. Zumindest für manche Hobbygenossen.

Aber trösten wir uns, die Freude mit der Modellbahn hängt ja keinesfalls von nicht mehr erhältlichen Gleissystemen, fehlenden Gleisneuentwicklungen oder ausgedünnten Gleissystemen ab. Und von hohen Schienenprofilen, Steilweichen und Herzstückklumpen schon gar nicht. Die Modellloks rollen auch auf älterem Gleis, das vielleicht nicht den allerneuesten Forderungen visionärer Modellbahnphilosophen entspricht. Und Steilweichen und Herzstückklumpen mögen sie auch, keine Frage. Auch die weithin zu wünschende Optik manchen Modellgleises schmälert nicht den Fahrspaß, den ich mit ihm erleben kann.

Richtet man den Blick auf das Wesentliche, nämlich die Freude und Entspannung, die uns die Modellbahn bescheren kann, wenn man sie lässt, ist Entschädigung für so manchen uns eingeredeten angeblich unakzeptablen Kompromiss mit diesem oder jenem Gleissystem. Hauptsache, die Lok rattert auch weiterhin übers Gleis, denn Modellbahnen sollen fahren.

Ich wünsche allen Modellbahnern weiterhin viel Spaß mit ihrer Modellbahn.

8. Anhang

8.1. Stichwortverzeichnis

8.2. Weiterführende Literatur

Bernd Beck: Schwäbischer Schienenweg. Württembergische Gleise in der Baugröße H0, in: Miba 1/1999, S. 86
Thomas Becker: Doppelweichen. Konstruktion und Verwendung, in: Miba 11/1994, S. 92
Ders.: Ganz elegant durch die Kurve. Weichen und Kreuzungen im Bogen, in: Miba 02/2006, S. 48
Ders.: Schienen und Schwellen. Epochentypischer Gleisoberbau, in: Miba 11/1998, S. 54
Ders.: Weichen – kurze und lange, in: Miba 9/1994, S. 68
Jörg Chocholaty (Hg.): Rund ums Gleis. Weltbild-Modellbahn-Edition; Augsburg 2008
Alexander Ebert: Die Alternative. Von der Roco Line-10°-Weiche zur EW 190 – 1:6,6, in: Hp1 22, S. 38
Ders.: Die einfache Weiche 190 – 1:6,6, in: Hp1 22, S. 40
Ludwig Fehr: Die Meckenheimer Glaswerke, Teil 6: Gleisbau mit Rillenschiene, in: Miba 7/1998, S. 31
Ders.: Die Meckenheimer Glaswerke, Teil 8: Gleisbau, in: Miba 11/1998, S. 16
Ders.: Ein Gleis für alle Räder. Pecos Code 75 – Jetzt komplett (u. a. Beschreibung des Baus einer EKW mit außenliegenden Zungen auf Basis einer Peco-Kreuzung), in: Miba 11/2001, S. 92
Herbert Hanstein: Weichenbau von Anfang an (1), in: Miba 8/1985, S. 48
Ders.: Weichenbau von Anfang an (2), in: Miba 11/1985, S. 24
Paul Hartman: Löten auf Holz. Die feine englische Gleisbau-Art, in: Hp1 24, S. 44
Ders.: Die Reifeprüfung. Selbstbau einer DKW 190 – 1:9, in: Hp1 25, S. 20
Bruno Kaiser: Tamtam für die Tram. Auf neuem Gleis durch die City, in: Miba Spezial 68, S. 72
Dieter Kempff: Die Schnellfahr-Schleppweiche im Untergrund, in: Miba 06/1988, S. 24
Rolf Knipper: C-Gleis-Variationen, Teil 1: Weichen „verschlankt“, Laternen, Einbau, in: Miba 11/1998, S. 60
Ders.: C-Gleis-Variationen, Teil 2: Gleisverlegung, Schottern und Bemalen, in: Miba 12/1998, S. 29
Ders.: Gleise im Sand und auf der Heide. Leichter Oberbau für die Kleinbahn, in: Miba 11/2001, S. 98
Ders.: Gleisgeometrie. Gemischter Einbau von Roco- und Lima-Gleissystem in H0 (1. Teil), in: Miba 5/1991, S. 46
Willy Kosak: Superweichen – selbstgebaut, Teil 1, in: Hp 1 10, S. 10
Lutz Kuhl: Freie Fahrt über Kreuz und Bogen. DKW im Eigenbau, Antrieb und Elektrik, in: Miba 11/1998, S. 72
Ders.: Gleisbau mit Trennstelle. Nicht nur für Module (Beschreibung, wie Gleise an Modul- bzw. Segmentübergangen ausreißsicher auf Pertinaxschwellen befestigt werden können), in: Miba 7/1995, S. 84
Ders.: Gleise, Weichen, Oberbau. Vom Vorbild zum Modell, in: Miba 8/1996, S. 28
Ders.: Schienenweg nach Preußenart. Weichenbau auf Polystyrolbasis (Beschreibung, wie aus Polystyrolprofilen und einfachen Schienenprofilen Weichen gebaut werden können; Enthalten sind Schablonen für eine einfache Weiche und eine DKW), in: Miba 8/1996, S. 34
Ders.: Weg mit der Stellschwelle! Weichenstraße mit Tillig-Bausätzen, in: Miba 02/2006, S. 58
Ders.: Weichen aus dem wilden Westen. Modell-Gleisbau auf Yankee-Art (anbei Schablonen für den Selbstbau von Weichen mit der Neigung 1:5), in: Miba 09/2002, S. 54
Bertold Langer: Gießen Sie sich doch mal eine Weiche (Bau von Weichenrosten nach einem Urmodell aus Gießharz), in: Miba Spezial 6, S. 46

Ders.: Krachen, Brummen, Flüstern. Gibt es den idealen Weichenantrieb? (Präsentation verschiedener Weichenantriebsarten und Beschreibung des Selbstbaus eines motorischen Antriebes. Beschreibung, wie Stellschwelle von Modellweichen durch zwei zierliche Drähte ersetzt werden kann), in: Miba Spezial 25, S. 53

Ders.: Weichenroste individuell gefertigt. Mit Lasertechnik kein Problem, in: Miba 11/2001, S. 82

Jacques Le Plat: Einfacher geht's nicht. Stellen von Formsignalen mit Memory-Draht, in: Miba 12/2003, S. 71

Ders.: Vorbildliche Antriebs-Alternative. Weichen stellen mit Memorydraht – Teil 1: Vorarbeiten (zudem Beschreibung des DCC-freundlichen Umbaus von Shinohara-Weichen), in: Miba 06/2002, S. 24

Ders.: Vorbildliche Antriebs-Alternative. Weichen stellen mit Memorydraht – Teil 2: Herstellung, in: Miba 07/2002, S. 30

Garry Leone: Easy turnout controls. Simple, reliable and inexpensive (Baubeschreibung mechanischer Weichenantriebe, bestehend aus einem Schiebeschalter und einer Stellstange), in: Model Railroader 05/2003, S. 86

Wolfgang Luckner: Antrieb mit Konzept. Modulare Weichen- und Gleissperrantriebe (2), in: Miba 09/2003, S. 68

Thomas Mauer: Kleine Anlage – Schritt für Schritt (2): Gleisunterbau und Gleisverlegung, in: Miba 5/1995, S. 86

Michael Meinhold: Bauprojekt Vogelsberger Westbahn (3): Zungenspiele auf Zement, in: Miba 3/1998, S. 38

Werner Meyer: Zweileitergleis mit Mittelleiter. Roco-Line mit Punktkontakten, in: Miba 8/1994, S. 82

Karsten Naumann: Feine Formsignale (Vorstellung von Formsignalbausätzen von Weinert und Ostmodell), in: Modellbahn Kurier 20, S. 68

Ders.: Industrie- und Nebengleise im Modell (Beschreibung von u. a. Betonschwellenspargleisen und einer Deutschlandkurve), in: Modellbahn Kurier 18, S. 76

Ders.: Schienenbruch und Spurstangen im Modell, in: Modellbahn Kurier 20, S. 50

Ders.: Vereinfachte Weichensignale und Gleissperren, in: Modellbahn Kurier 20, S. 52

Ders.: Versetzte Signale. Weichensignale an ungewöhnlichen Stellen, in: Hp1 10, S. 34

Heinzwerner Ombeck: Ein kompakter Spulenantrieb – selbstgebaut (Weichenantrieb auf Basis eines Relais von Kaco), in: Hp 1 8, S. 39

Manfred Peter: Weichen in der Werkstatt. Schlanke Schienenwege mit Roco und Tillig; in: Miba 02/2006, S. 54

Burkhard Rieche: Wasserwege längs der Bahn. Rechts und links vom Schotterbett, in: Miba 7/1996, S. 44

Stephan Rieche: Wie man sich bettet... Das Einschottern von Modellgleisen, in: Miba 2/1994, S. 81

Winfried Schmitz-Esser: Eine Weiche am Reihersteig. Gleisbau in 1:32 – einmal anders; in: Miba 07/2002, S. 34

Pelle Søeborg: Perfect track. Laying flextrack for good looks and smooth operation, in: Model Railroader 07/2004, S. 44

Uwe Stehr: Modellbau mit Magic Train – ein 0e-Projekt (8): Gleise von der Stange und als Bausatz, in: Miba 8/1998, S. 28

Jacques Timmermans: Ein Bahnübergang mit Bü-Signalen. Niveaugleiche Kreuzung an der Nebenbahn, in: Miba 05/2006, S. 43

Ders.: Feine Details fürs Roco-Gleis. Weichenlaternen und Farbgebung, in: Miba 12/2001, S. 92

Ders.: Schienenweg auf Bayerisch. Gleise und Weichen nach Länderbahnvorbild, in: Miba 11/2001, S. 86

Dieter Wachter: Preiswert stellen mit Motor. Weichenantrieb – nicht nur für N, in: Miba 11/1997, S. 32

Joachim Wahl und Heiner Tondorf: Weichenselbstbau? Warum nicht?! Weichen wie beim Vorbild, in: Hp1 01/2003, S. 18

Günter Weimann: Gleisbau mit Holzschwellen, in: Hp1 20, S. 30

Michael Weinert: Die Vielfalt bringt's. Gleisbau heute, in: Hp1 29, S. 38

Klaus-Dieter Wenzel: Ein Buffer im Veldensteiner Forst, in: Hp 1 9, S. 70

Alexa Wisniewski und Willy Kosak: Bau der Federschienenzunge. Superweichen, selbstgebaut, Teil 5, in: Hp1 14, S. 56

Dies.: Schrauben, Laschen und Radlenker. Super-Weichen, selbstgebaut, Teil 4, in: Hp 1 13, S. 54

Dies.: Stoß an Stoß. Jetzt auch in H0: Gleisbau wie beim Vorbild, in: Hp1 27, S. 20

Dies.: Superweichen – selbstgebaut, Teil 2, in: Hp1 11, S. 22

Dies.: Superweichen – selbstgebaut. Für NEM, RP 25 und H0pur, Teil 3, in: Hp1 12, S. 21

Dies.: Weichen-Selbstbau auf die Schnelle (Baubeschreibung Weichen für H0pur auf Basis der Tillig-Bausätze), in: Hp 1 3, S. 35

WEITERE INTERESSANTE BÜCHER ZUM THEMA

Jeder Teil einer Modellbahn sollte mit liebevollen Details ausgestattet werden, um eine perfekte Nachbildung der Wirklichkeit darzustellen. Heizdampf im Bahnhof, Prellböcke, einen künstlichen Hintergrund für Signale oder auch die Gestaltung von Nebengleisen - wie es geht, steht in diesem Ratgeber.
160 Seiten, 144 Abbildungen, 170x240 mm
ISBN 978-3-613-71734-3
€ 39,90 | € (A) 41,10

Der unentbehrliche Ratgeber für die richtige Platzierung, den Einbau und den Anschluss von Signalen auf Modelleisenbahnanlagen. Autor Ulrich Lieb gibt hier professionelle Tipps und zeigt die wichtigsten Arbeitsschritte. Komplettiert wird diese Anleitung durch eine Herstellerübersicht.
128 Seiten, 206 Abbildungen, 170x240 mm
ISBN 978-3-613-71736-7
€ 39,90 | € (A) 41,10

Welche Gedanken spielen bei der Planung einer Modellbahn noch eine Rolle? Dabei geht es nicht nur um den richtigen Gebrauch der Zeichenschablone und ihre Benutzung, sondern vor allem um Fragen, wie z.B. »welches Thema hat die Anlage?«, »wohin mit der Bahn?« oder Streckenkonzepte, ausgewogenes Planen, Gleis- und Weichentechnik und ihre Anwendung auf der Modellbahn sowie Tipps und Kniffe.
160 Seiten, 182 Abbildungen, 170x240 mm
ISBN 978-3-613-71710-7
€ 39,90 | € (A) 41,10

Wie man das vielgestaltige Thema Bahnhöfe auf der Modellbahnanlage perfekt umsetzt und was es alles dabei zu beachten gilt, vermittelt Michael U. Kratzsch-Leichsenring anschaulich und kompetent.
144 Seiten, 226 Abbildungen, 170x240 mm
ISBN 978-3-613-71737-4
€ 39,90 | € (A) 41,10

Leseproben zu allen Titeln auf unserer Internetseite

Überall, wo es Bücher gibt, oder unter
WWW.MOTORBUCH-VERSAND.DE
Service-Hotline: 0711 / 78 99 21 51
www.facebook.com/MotorbuchVerlag

Stand Juni 2024
Änderungen in Preis und Lieferfähigkeit vorbehalten.

WEITERE INTERESSANTE BÜCHER ZUM THEMA

Auf den meisten Modellbahn-Heimanlagen finden sich häufig nur doppelseitige Hauptbahnen. Die Betriebsanlagen der Nebenbahnen sind kleiner und benötigen daher weniger Raum, weshalb sich der Nachbau dieser für einen Nachbau im Modell sehr viel besser eignet. Das Buch gibt dem Modellbahner einen Einblick in die Materie der Nebenbahn mit all ihren Facetten.

160 Seiten, 182 Abb., 170 x 240 mm

ISBN 978-3-613-71711-7

€ 39,90 | € (A) 41,10

Dieses Lexikon sollte in keiner Werkstatt fehlen, denn in über 1.300 Stichwörtern und knapp 250 Bildern stecken jede Menge Know-how über das Vorbild und seine Nachbildung auf der Modelleisenbahnanlage sowie Fachwissen rund um den Selbstbau von Anlage, Fahrzeugen und Elektronik.

256 Seiten, 250 Abb., 170 x 210 mm

ISBN 978-3-613-71697-1

€ 19,95 | € (A) 20,60

Auch Modellbahn-Loks müssen gepflegt und gewartet werden, denn manchmal bleiben auch sie mit einer Panne liegen. Schnelle Hilfe vermittelt dieser praktische Ratgeber, in dem Modellbahner alles Wichtige rund um Wartung, Pflege und Reparatur ihrer kleinen Elektrofahrzeuge erfahren.

136 Seiten, 130 Abb., 170 x 240 mm

ISBN 978-3-613-71568-4

€ 39,90 | € (A) 41,10

Der Elektronik-Experte Claus Dahl erklärt, wie der analoge Gleich-strombetrieb sinnvoll und effektiv für die Steuerung der Modellbahn am Gleis genutzt werden kann. Also genau das richtige Buch für alle Modelleisenbahner, die ihre Modellbahnanlage nicht digitalisieren möchten.

176 Seiten, 179 Abb., 165 x 230 mm

ISBN 978-3-613-71669-8

€ 39,90 | € (A) 41,10

Leseproben zu allen Titeln auf unserer Internetseite

trans press

Stand Januar 2024
Änderungen in Preis und Lieferfähigkeit vorbehalten.

Überall, wo es Bücher gibt, oder unter
WWW.MOTORBUCH-VERSAND.DE
Service-Hotline: 0711 / 78 99 21 51
www.facebook.com/MotorbuchVerlag